◉ 情報工学レクチャーテキスト ◉
QKC-5

レクチャー オペレーティングシステム

福田　晃

数理工学社

編者のことば

人工知能，データサイエンスなど膨大なデータを基にした研究や技術開発が加速しています．それを支えるのは，データをどのように収集，処理，提示するかという情報工学の諸技術です．データの処理に関する技術はここ半世紀で飛躍的に進歩してきました．コンピュータがデータを記憶する容量は100万倍以上に，計算する速度も100万倍以上になりました．このような飛躍的な進歩は他の技術分野には見ることができません．半世紀前の大型コンピュータの性能は，今や手のひらサイズのスマートフォンよりも劣っているような状況です．

世の中の森羅万象は，様々なセンサーを通してデータになり，そして情報になります．また，情報が世の中にフィードバックされることにより，世の中が動いていきます．情報処理技術によって，世の中の状況を観測し，分析し，フィードバックすることによって世の中が動いていくという循環が，至る所で起こっています．現在，最新の情報処理技術は，介護，農業，金融，教育などにも応用され，社会のあらゆる所で活用されています．今後，社会の持続的な発展をはかるには情報処理技術のさらなる発展が不可欠です．そのためには情報処理技術の基礎である情報工学を学ぶことは不可欠であります．

このライブラリは情報工学の基礎を学ぶためのテキストとして編集されました．情報工学を学ぼうとする幅広い読者にわかりやすく説明する丁寧なテキストを目指し，標準的な大学生が独力で理解出来るように工夫されています．経験豊かな著者によって，情報工学の根幹となる「情報理論」，「アルゴリズム」，「コンピュータアーキテクチャ」，「情報ネットワーク」，「パターン認識」，「HCI」等がライブラリとして著されています．また，大学初年時に理系／文系を問わず情報工学の基礎を学ぶためのテキストを意識した「情報工学概論」という1冊も加えました．それ以外のテキストも情報工学を専門として学ばない学生にとっても，情報工学を自ら学ぶための参考書として活用できるものを目指しました．

まずは，このライブラリによってしっかりと基礎固めを行い，そこからより高度な情報関連分野の学びに繋げてほしいと思います．そして新しい社会を創造する礎を創ってくれることを期待しています．

2020年2月

谷口 倫一郎，福田 晃

まえがき

本書は，オペレーティングシステム（OS）の入門の教科書です．現在，パーソナルコンピュータ，スマートフォンなどの携帯情報機器が当たり前のように世の中に広く普及しており，コンピュータはなくてはならない存在になっています．その一方で，世の中が高度化し，情報系教育も多様な分野に細分化されてきていますが，コンピュータハードウェアとユーザを繋ぐ基本ソフトウェアである OS は国内はもとより世界的にみても情報系の学生にとってコア科目として学ぶべき重要な分野です．さらに，情報系以外の学生にとっても，詳細まで立ち入らなくてもその概念と大まかな仕組みを知っておく必要があります．

本書は以上の目的から書き下ろしたものです．対象者は，主に大学の情報系の学部生を対象にしていますが，工学／理学系，さらには文系の学生さんにもぜひ一読して欲しいです．内容的には，計算機アーキテクチャ，ディスク装置のハードウェア構成など OS を理解するための必要最低限の関連知識も記述していますので，本書のみで理解できるように心がけました．本書は OS の入門書ですが，並列計算機用 OS など所々に通常学部レベルではなく大学院レベルで教えることの多い内容もあえて記述し，読者のさらなる興味を引くようにしました．これらについてさらに学びたい学生さんは関連図書を参考にしてください．

本書は，以下の特徴があります．

- 本書の構成として，全体像，その次に周辺機器とのインタフェースである I/O システムと割込み，その後に OS の各機能を記述し，読者に分かり易いような構成にしました．
- コンテキストスイッチングなどの OS 機能の基本的機能を説明する際に，人間社会のイメージを述べ読者が馴染みやすいようにし，さらにそのイメージと計算機の世界との対応を示しました．

- 従来あまり触れられていなかったカーネルデータの統一性問題を述べました．
- OS 処理のアルゴリズムを記述する際，近年では C プログラミング言語などのプログラムコードで記述することが多いのですが，本書は疑似コードの他にあえて昔多用されていたフローチャート（流れ図）を示し，初心者にとっても分かり易いようにしました．
- 「7 章：並行プロセスとクリティカルセクション」の章で述べています，クリティカルセクション問題を解決するピーターソンのアルゴリズムでは，従来はそのアルゴリズムしか記述されていないものが多かったのですが，本書では筆者なりの証明法の概要を記述しました．
- 各章の末尾に演習問題および巻末にその解答を載せ，読者が勉強しやすいようにしました．

本書が，OS を理解するための一助になれば幸いです．

最後に，編集に当たり大変お世話になった数理工学社編集部の皆様に感謝します．また，いつも私の健康を気遣ってくれる最愛なる妻敬子，いつも元気な長男侑，長女幸に感謝します．

2020 年 3 月

福田晃@雷山の森の自宅から九州大学伊都キャンパスを眺めながら．

目　　次

第3章

ファイルシステム　35

第4章

プロセス管理とスケジューリング　51

第5章

メ モ リ 管 理　69

第6章

仮想メモリ　87

第7章

並行プロセスとクリティカルセクション　105

第1章

OSの全体像

本章では，OS とは何か，OS の目的と仮想化，OS の機能と役割，ユーザからの OS の見え方とシステムコールの種類，OS の保護と特権命令，特権モード，OS の歴史などを述べて，読者が OS の全体像を把握できるようにする．また，従来の教科書ではほとんど触れられていないが重要な問題であるカーネルデータの統一性について述べる．本章により，OS の全体像が把握できることになる．

1.1 OSとは？

オペレーティングシステム（OS, Operating System）は，Windows OS, Mac OS で馴染みがあるように，計算機に常駐しているプログラムである．基本ソフトウェアと呼ばれることもある．

読者は，現在使っている PC（パーソナルコンピュータ）に何も OS が乗っていないどころか，OS 自体が世の中にない状況を想像してみよう．そのとき，与えられているのは裸の PC／計算機（bare machine），すなわちハードウェアのみの PC／計算機である．この裸のマシン上で，プログラムを書いて，そのプログラムをプロセッサで実行して，計算結果をプリンタに印刷する．そして，作ったプログラムも計算機のどこかに保存しておきたい，と言うことを考えてみよう．このことをやるのに，どこをどうやって，何をどうすればよいのか，多くの読者は途方に暮れるに違いない．このようなことを考えなくてよいのは，PC に OS が乗っているからである．さらに言うと，コンパイラなどの言語処理系も PC に乗っているからである．OS はなくてはならない存在になっている．

OS は，図1.1 に示すように，計算機ハードウェアとユーザ（応用プログラ

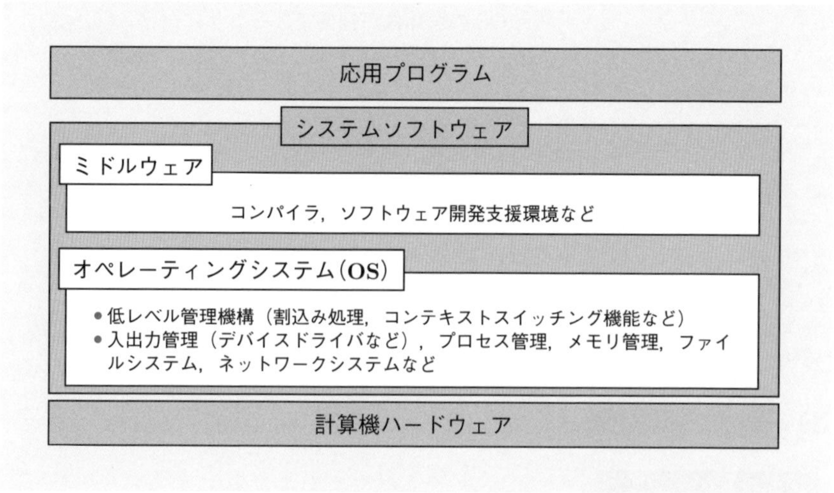

図1.1　オペレーティングシステムの位置

ム）との間に位置するプログラムである．

従って，このプログラム位置であるがゆえに，OSには以下の2つの役割がある．

(1) 計算機ハードウェアの効率的管理

プロセッサ，メモリなどのハードウェア資源を如何に遊ばせないようにするか，効率的なハードウェア管理を行う．

(2) ユーザに使い勝手のよい環境の提供

ユーザが計算機ハードウェアを意識しないで，多様なサービスが受けられるように，使い勝手のよい環境，サービスとユーザインタフェース（GUI, Graphical User Interface）を提供する．ここでは単にユーザだけではなく，コンパイラなどのミドルウェア作成者，応用プログラム（AP）作成者にとってもプログラミングしやすく，当該APが作りやすい環境の提供も意味する．

OSの誕生時は，計算機が高価だったので，計算機ハードウェアの効率的管理に主眼が置かれていたが，計算機自体が低廉化したことに起因して，一般社会のユーザに広まったので，近年では，GUIの提供など，ユーザに使い勝手のよい環境の提供に主眼が置かれるようになっている．

1.2 OSの目的と仮想化

OSの重要な機能に仮想化がある．これには，計算機ハードウェア資源の仮想化，時間的，および空間的な仮想化がある．

(1) 計算機ハードウェア資源の仮想化

前節でも述べたが，ユーザは，裸の計算機を見るのではなく，OSを通じて計算機を見ることになる．多くのユーザは，現在自分が使っている計算機はプロセッサがいくつあって，メモリサイズがどれほどかは意識せずにプログラムを書き，実行している．これは，OSがプロセッサ，メモリなどの計算機ハードウェア資源を仮想化（抽象化）して，ユーザに見せているためである．この仮想化には下記がある．

1) **プロセッサの仮想化**：OSは，プログラムの実行環境を提供する器をユーザに提供する．この器のことを，**仮想プロセッサ**（VP, Virtual Processor）と呼ぶ．このVPは，ユーザが書いた応用プログラムをコンパイルした後の実行形式プログラムをこのVPに乗せてくれれば，私（OS）が責任を持ってプログラムを実行（プログラムの中断，再開などを含む）します，と言うサービスを提供する器である．仮想プロセッサが3つあれば，実際の物理プロセッサが1つでも3つの実行形式プログラムを各々のVPに乗せて実行できる．あたかもプロセッサが3つあるように，ユーザに見える．また，VPに乗せた実行形式のプログラム（すなわち実行可能状態のプログラム）のことを，OSはプロセスと言う名前で管理することになる．

2) **メモリの仮想化**：現在，ユーザがプログラムを書くとき，自分の計算機のメモリサイズがこれだけだから，これより大きなプログラム全体はメモリに乗らないから書くことはできない，書いてはいけないなどと意識してはいない．計算機誕生当時は，これを意識していた．すなわち，メモリサイズよりも小さなプログラムになるように，プログラムを書いていたのである．この制限を緩和した概念が現代のOSが提供している仮想メモリの概念であり，ユーザはこの恩恵を受けているのである．

3) **ファイルの仮想化**：ユーザはプログラム（ソースプログラム，オブジェクト形式，実行形式など），文書，表，画像などの多様な情報の塊を管理，保存したい．この情報の塊をファイルと言う形でユーザに提供する．またユーザは，ファイルを整理して保存し，管理したいと思っている．このファイルの見え方，管理方法を，OS はファイルシステムと言う OS 機能によりユーザに提供している．

4) **入出力装置／デバイスの仮想化**：キーボード，プリンタ，ディスクなど，計算機には多くの入出力装置／デバイスが繋がっている．これらを制御するためには，制御プログラムが必要である．この制御プログラムをデバイスドライバと呼ぶ．計算機誕生当時はユーザ自身が自分のプログラムを実行する際に，デバイスドライバも自分で書いてメモリに乗せていた．デバイスドライバのプログラムを書くのは，デバイスハードウェアの仕様を十分理解しないと書けない．よく考えてみれば，デバイスドライバは自分が使っている計算機システムと同じ計算機を使っていれば共有した方がユーザにとって便利である．この発想からデバイスドライバを予めメモリに常駐させた方がよいと言うことになり，OS の原型であるモニタ（monitor）と言うプログラムを常駐させ，現代の OS に繋がっていく．なお後述するように，モニタにはその他にも割込み処理のプログラムなども含まれていた．

5) **ネットワークの仮想化**：ユーザはメールを読んだり，検索したり，現在簡単にできるようになっている．これはネットワークを仮想化したおかげである．

上記の仮想化では，読者にとって聞き慣れない単語，説明が不十分な単語があるかもしれないが，現時点では気にしなくてもよい．本書を一通り読んだ後，上記の意味が分かってくると思う．

(2)　時間的，空間的な仮想化

1) **時間的仮想化**：単一プロセッサであっても，複数のプログラムがあたかも同時に走っているような仮想化が時間的仮想化である．この仕掛けは多重プログラミングで提供している．

2) **空間的仮想化**：計算機にはメモリなど多様な装置がある．この装置の複数の実体が同時に使えるようにする仮想化が空間的仮想化である．例えば，プログラムはメモリに格納されるが，メモリを分割して複数のプログラムを同時に格納できるような仮想化である．

1.3 OSの機能と役割

OSは下記に示すようにいくつかの機能から構成されている．本書で章を設けて詳細に述べる．

(1) **ファイルシステム**（3章）：情報の塊をファイルと呼ぶ．読者はプログラム，文書，表，画像など多様な情報の塊を持っている．これらのファイルを，ハードウェア資源（2次記憶，通常は磁気ディスク）に効率よく保存し，ユーザには管理しやすく使い勝手のよい機能を提供するのがファイルシステムである．通常，他の機能は下記のように，○○管理と呼ぶ場合ことが多いが，ファイルサービスの提供機能は管理ではなく，システムと呼ぶことが多い．ユーザにとってOS機能としてまず馴染みのあるサービスである．

(2) **プロセス管理**（4章）：計算機の最大の仕事は，プログラムを実行することである．このための多様なサービスを提供する機能をプロセス管理と呼ぶ．プロセス管理には複数のプログラムを切り替えながら実行する多重プログラミングや，複数の実行可能プログラム（プロセス）をどのような順序でプロセッサ（CPU，Central Processing Unit）で実行させるかと言うプロセススケジューリングなどがある．

(3) **メモリ管理**（5章，6章）：限られた物理メモリをどのように管理し，ユーザにどのような仕組み／機構を見せるかを管理するものである．この中で重要な機構は，6章で後述する仮想メモリである．

(4) **入出力管理**（2章）：入出力装置は，それを制御するためのプログラム（デバイスドライバと呼ぶ）が必要である．このデバイスドライバをOSが提供することにより，ユーザは単なる関数呼出し（実際はユーザモードからカーネルモードへの切替え，空間の切替えを伴う）で行うことができる．

(5) **ネットワーク管理**（13章）：メールへのアクセス，インターネットを介した検索ができるようにユーザに提供する．

(6) **割込み管理**（2章）：プロセッサに入出力装置との間の通信手段を提供する機能である．ユーザからは，後述するシステムコールの呼出しを除いて直接は見えない．

1.4　ユーザからの見え方とシステムコールの種類

(1)　ユーザからの見え方

図1.2 に示すように，ユーザからは，OS は多様なサービスを提供するプログラムに見える．サービスは関数の形で提供される．このサービス群を**システムコール**（system call），あるいは**スーパバイザコール**（supervisor call），さらにはそれらを呼び出すこともそのように呼ぶ．OS 設計者／開発者にとって，どのようなシステムコールを提供するかは重要な仕事である．システムコールの形で提供される関数はユーザから見れば単なる関数呼出しに見えるが，ユー

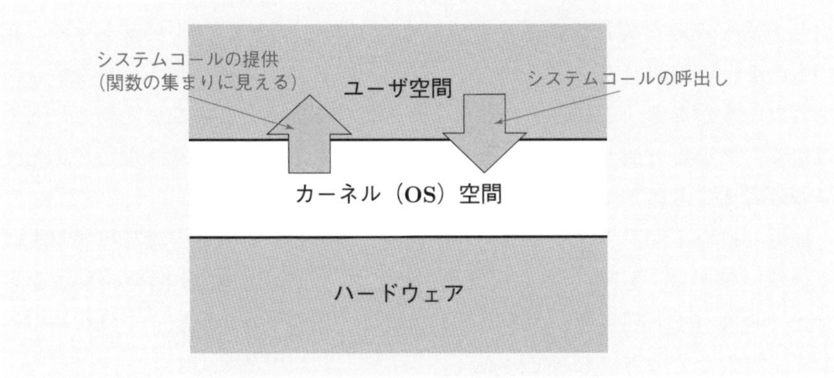

図1.2　ユーザからの OS の見え方

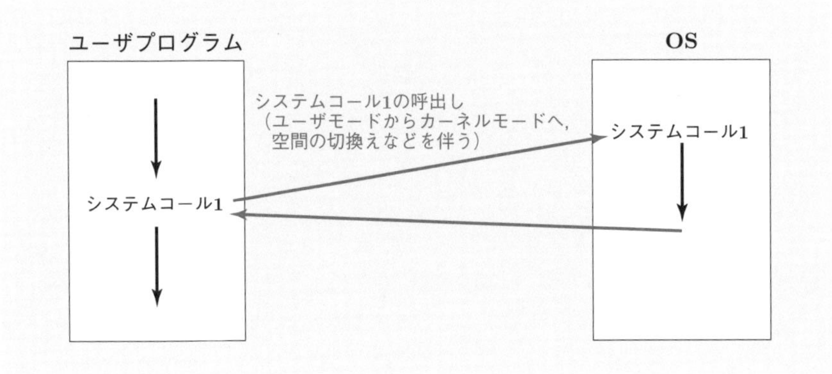

図1.3　システムコール

ザプログラム内のサブルーチン関数の呼出しとは異なり，後述するユーザ空間からカーネル空間への切替え操作を伴い，通常の関数呼出しよりも時間がかかる（図1.3 参照）．

(2) システムコールの種類

システムコールの具体的な種類はOSごとに異なる．UNIX系OS，Windows OS，Mac OSでは異なる．しかし共通する機能もある．UNIX系OSとWindows OSとの対比表の一部を表1.1に示す．なお，表中のWin32はWindows OSの32ビットマシン用であり，Windowsシリーズ，およびバージョンアップによってシステムコールにするか否かが異なるので，その上で動作する応用プログラムに対して標準で提供している機能セットであり，その呼出し方法を定めた規約の体系を定めたものである．なお，64ビットマシン用のものを，Win64と呼ぶ．表中で，一方のOSにはあるが，他方にはないシステムコールがある．これはそのようなサービスを提供していないと言うことではなく，異なる方法／手段で提供しているのである．なぜ，そうなっているか読者は考えてみよう．

繰返しになるが，システムコールの設計には，OS開発者の設計思想が表れている．例えば，UNIX系OSでは，後述するMultics OS開発の反省からファイルはバイト列の並びのみとして提供し，この中身の解釈までは行っていなく，簡素な見え方になっている．

表1.1 **UNIX** システムコールと **Win32** 関数の対応表

UNIX	**Win32**	説明
fork	CreatProcess	プロセスの生成
waitpid	WaitForSingleObject	プロセスの待ち
execve	対応なし	プログラムの上書き=fork + execve
exit	ExitProcess	プロセスの終了
open	CreateFile	ファイルのオープン，または生成
close	CloseHandle	ファイルのクローズ
read	ReadFile	ファイルの読出し
write	WriteFile	ファイルの書込み
lseek	SetFilePointer	ファイルポインタの移動
stat	GetFileAttributesEx	ファイル属性の取得
mkdir	CreateDirectory	ディレクトリの作成
rmdir	RemoveDirectory	ディレクトリの削除
link	対応なし	Win32 はリンクをサポートしていない
unlink	DeleteFile	既存ファイルの削除
mount	対応なし	Win32 はマウントをサポートしていない
unmount	対応なし	Win32 はマウント解除をサポートしていない
chdir	SetCurrentDirectory	現在の作業ディレクトリの変更
chmod	対応なし	Win32 はセキュリティのサポートなし(但し NT はあり)
kill	対応なし	Win32 はシグナルのサポートなし
time	GetLocalTime	現在時刻の取得

1.5 OSの保護と特権命令，特権モード

OSもプログラムではあるが，ユーザプログラムと異なる特別なプログラムである．従って，ユーザプログラムとは異なり，下記の2つを考慮する必要がある．

(1) 空間の分離：OSプログラムをユーザプログラムから守る

ユーザプログラムの不具合により，メモリに常駐しているOSプログラムが破壊されることを防ぐ必要がある．このために，ユーザプログラムが実行される空間（**ユーザ空間**と言う）とOSプログラムが実行される空間（**カーネル空間**と言う）を分離している． ユーザプログラムはユーザ空間でしか実行できないので，カーネル空間にあるOSプログラムを保護できる．

(2) 特権モードと特権命令：OSに特別な命令を許す

OSはシステム全体を管理しなければならない．このために，プロセッサが提供するマシン命令の中でOSしか利用できない特別なマシン命令がある．例えば，プロセッサに割込みを許さない割込みを禁止（disable）する命令，割込みを解除（enable）する命令をプロセッサが通常用意している．これらの命令をユーザプログラムが利用できるようになると，システム全体が破壊されることになる．従って，この命令はOSしか使えないようにしている．このようなOSしか使えない命令を**特権命令**（privilege instruction）と呼ぶ．特権命令はプロセッサにより異なるが，上述した割込み禁止命令，割込み解除命令の他，プロセッサの状態を変更するような命令や入出力命令などがある．特権命令が使えるモードを**特権モード**（**カーネルモード**，**スーパバイザモード**と呼ばれることもあり，上述のカーネル空間に対応している），そうでないモードを**非特権モード**（**ユーザモード**と呼ばれることもあり，上述のユーザ空間に対応している）と呼ぶ．OSは特権モードで走ることになる．

プログラムの状態を示すレジスタ（**プログラム状態語**，PSW（Program Status Word）と呼ばれる）の一部に，特権モードか否かを示すビット（1ビット，特権モードビット）があり，プログラム実行時にはこの特権モードビットをハードウェアでチェックしている．ユーザプログラム実行時に，特権命令が発せられると割出し（内部割込み）を行う．

1.6　OSの歴史

OSの世代を分類することは難しいので，計算機の分類に従ってOSの歴史を分類する．

(1)　第一世代（1945年〜55年）：前史

まず，計算機が主に真空管と配線で構成されていた時代から始まり，次第に現在の計算機の原型になっているプログラムをメモリに内蔵する実行形態（この計算機を**フォン ノイマン型コンピュータ**と呼ぶ）に移っていった．プログラムは機械語で書かれ，高級言語は言うにおよばずアセンブリ言語さえも登場していなかった．プログラムの入力方式は紙テープによるものであったが，次第にパンチカードと呼ばれるカードに穴をあけた形態に移っていった．OSと言う言葉も存在していなかった．

(2)　第二世代（1955年〜65年）：萌芽期（原型）

計算機を構成するデバイスが真空管からトランジスタに変わり，信頼性が向上し小型化され，メインフレームと呼ばれ商用として使われるようになってきた．プログラムの一連の実行（磁気テープに各々格納されたソースプログラムおよびコンパイラのメモリへの読込み／ロード，ソースプログラムのコンパイル，実行，結果の（磁気テープまたはプリンタへの）出力など）などの命令をオペレータが直接入力していた．従って，高価であった計算機が遊ぶ時間が問題となり，これを改善するためにバッチ処理と呼ばれる処理形態が考案された．**バッチ処理**と言うのは，上記の一連の作業を人手で行うのではなく自動化する形態であり，具体的には作業を指示する制御コードをプログラム中に前後を含んで埋め込む方法である．この制御コードプログラムのことをジョブ制御言語（JCL，Job Control Language）と呼んでいた．このために，JCLの指示内容を具体的に処理する特殊なプログラムを予め計算機に常駐させる必要がある．また，これまで各ユーザが書いていたプリンタへの出力制御プログラム（今で言う**プリンタドライバ**）などの出力装置への制御プログラム（今で言うデバイスドライバ），割込みを処理するプログラムもメモリ内に常駐させるようになった．ここにOSの原型（モニタと呼ばれる）が生まれた．

(3) 第三世代（1965年〜80年）：発達

デバイス技術の進歩によりトランジスタを集積化した集積回路（IC）が開発され，計算機はICで構成され，さらに安価で小型化されることになり，より社会に普及していった．商業的にはこれまで2種類に分かれていた科学技術分野向け計算機と事務処理用計算機を統合した計算機IBM System/360が登場した．それに搭載するOSとして**OS/360**が開発され，OS/360はメインフレーム向けのOSとして大きな地位を確立した．

技術面に目を向けると，プログラムの逐次処理であるバッチ処理の問題となってきた計算機ハードウェアが遊ぶ時間を軽減する目的で，複数プログラムをあたかも同時に実行しているように見せる**多重プログラミング**（multiple programming）の機構が考案された．この時代まで，高価な計算機ハードウェア資源を如何に遊ばせないかと言う有効利用に主眼が置かれていたことが分かる．さらに，複数のユーザが1台の計算機の使用を時間分割してあたかも同時に使用しているように見せるタイムシェアリング（time sharing）と言う処理形態が考案された．また，これらを実現するために複数のプログラムを同時にメモリに格納するなどメモリ管理方法にも改良が加えられ，OS機能が膨らんでいった．

この時代に登場したOSとして**Multics OS**がある．Multicsは多様なユーザへの要求に応えようとして巨大になりすぎて，当時のハードウェア技術の発達が不十分だったこともあり商業的には成功しなかった．しかし，リング構造の保護機能，単一レベル記憶などの先進的なアイデアを提案した．Multics開発の反省から，Multicsを開発してきた人々の中に基本的概念を絞って簡素にしたOSを開発しようとする人々が現れた．**UNIX OS**である．UNIX OSはソースコードが公開されたこともあり広まっていったが，いくつかの版（バージョン）が開発され，主な版は，AT&TのSystem Vとカルフォルニア大学バークレイ校のBSDである．

(4) 第四世代（1980 年〜現在）：多様化

計算機は，IC をさらに集積化した大規模集積回路（Large Scale Integration, LSI）で構成されるようになり，さらに安価／小型になり個人単位で計算機が購入できるようになった．パーソナルコンピュータ（PC）の登場である．UNIX は，多機能で大規模化しており，PC で動かすことが困難になり，PC 向けの OS が開発された．Intel 社 8080 プロセッサ向けの CP/M や，Microsoft 社の MS-DOS などが登場した．1980 年代後半になると PC の性能も向上し，マウス，CD-ROM などの多様なデバイスが接続可能になり，OS も計算機ハードウェア資源の効率的管理よりもユーザへの使い勝手を重要視するようになり，アイコンベースの GUI を持つ OS が登場してきた．Mac OS，Windows OS などである．また，ネットワークが発達しネットワーク OS，分散 OS が登場してきた．さらに，計算機に複数のプロセッサを搭載したマルチプロセッサシステムの開発も軌道に乗り，それに搭載する OS である**並列 OS**（parallel operating system）も登場してきた．一方で，フィンランドのヘルシンキ大学の学生により，UNIX の 1 つの版の教育用として開発された MINIX OS の開発に動機づけられ **Linux カーネル**が登場した．

2000 年代になると，LSI のさらなる集積化に伴う小型化により手のひらサイズの計算機が登場した．PDA，スマートフォン，タブレットなどの携帯情報端末である．これらの OS として Android（カーネル，ミドルウェアなどを含んだプラットフォーム），iOS などがある．また組込みシステムの発展は激しく，社会インフラの一部になってきた．

現在，計算機は目的が多様化しており，PC 用，サーバ用，スパコン用，スマホなどの携帯端末用，クルマ，ロボットなどの組込みシステム用などの OS に細分化され現在も発展し続けている．

1.7 カーネルデータの統一性問題

OS は日常社会で言えば，いろいろな催しもの（大学ではコンパなど）をお世話する幹事役である．幹事役は，お世話のために多様なデータを管理している．例えば，コンパで言えば A さんは出席，B さんは欠席など，また A さんは出席で会費を払っているまたは払っていないとかの情報である．

管理情報は，そのデータの一貫性が保持されていなければならない．例えば，上記で言えば，A さんは急遽《きゅうきょ》欠席することになった．幹事役は，この情報を反映するようにそれに連動した複数のデータを書き換えなければならない．

上記は，OS でも生じる問題である．この問題を，**カーネルデータの統一性問題**と言う．無論 OS 設計者／開発者はこのことを反映するようにコードを書いているが，OS もプログラムであるので，そのデータ書換え部分（データ A～D としよう）のプログラムが連続的に不可分に実行されるとは限らない．A～D 部分のプログラム実行中に別のプログラムが走るかもしれない．別のプログラムとして，緊急の仕事が入った場合（計算機では割込み）であり，このとき，A～D からなる一連のデータ更新の統一性がとれないことがある．

上記の状況は OS では図1.4 に示すように下記となる．

- OS が OS 内の通常の処理で，データ A～D を更新するプログラムを実行中に，緊急の処理である割込みが入った．この割込み処理プログラム（割込み処理ルーチン）の中ではデータ A，B を変更するコードが書いてある．なお，割込み処理ルーチンが読み書きするデータを OS 内の通常の処理プログラムで読み書きするコードのことをベースレベルのカーネルコードと呼んでおく．
- このとき，ベースレベルカーネルコードのデータ A～D の統一性，一貫性が破壊される．

この破壊を防ぐためには，ベースレベルのカーネルコードでデータ A～D を書き換えている最中は，データ A, B を書き換える割込みプログラムを実行させないことである．

以上をまとめると，OS は下記の制御を行う必要がある．

- 割込み処理ルーチンが読み書きするデータ群（そのコード領域を領域 Y としよう）を含んだデータの一部を，ベースレベルのカーネルコードが読み

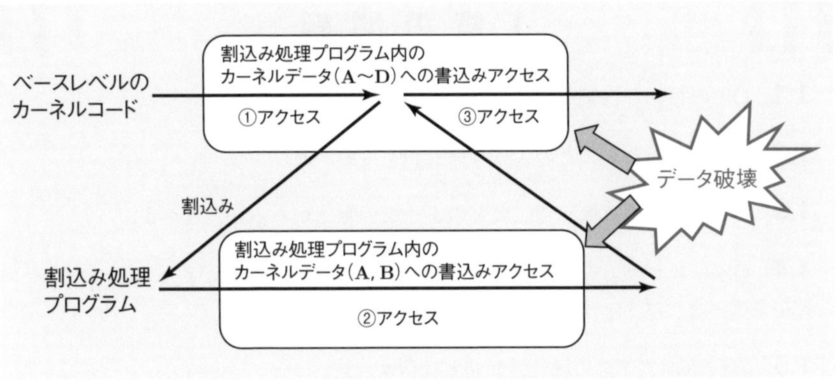

図1.4　割込みハンドラおよびルーチンによるカーネルデータ破棄
（単一プロセッサの場合）

書きする場合（そのコード領域を領域 Z としよう），領域 Z はクリティカルセクション（際どい領域）として実行しなければならない．

上記のクリティカルセクションを保証するには，単一プロセッサの場合，コード領域 Z をプロセッサが用意している特権命令である割込み禁止命令を使う方法がある．公開されている OS のソースコードを見たユーザには，所々割込み禁止命令と解除命令が入っていることを不思議に思われるかもしれないが，その理由の 1 つは上記からである．なお，このクリティカルセクションを保証する方法は上記の割込み禁止命令を使用する以外に，7 章で後述するソフトウェアによる解決方法（ピーターソン（Peterson）のアルゴリズム）あるいは計算機が提供するマシン命令のテストアンドセットなどの不可分命令を使用する方法もあるが，OS 内ではピーターソンのアルゴリズムあるいは不可分命令もオーバヘッドがあるので通常は割込み禁止命令を用いる．また，単一プロセッサではなく複数のプロセッサを搭載したマルチプロセッサシステムでは割込み禁止命令の使用は，当該命令を発行したプロセッサのみへの対応であり，他プロセッサへは割込みが入ることになるので解決にはならず，ピーターソンのアルゴリズムなどのソフトウェアによる方法あるいは不可分命令を使うことになる．

1章の問題

□**1.1** OSの目的と役割を述べよ．

□**1.2** OSの機能としてどのような機能があるか，述べよ．

□**1.3** OSが提供する仮想化にはどのような仮想化があるか，述べよ．

□**1.4** OSプログラムをユーザプログラムから保護する必要がある．なぜか，その理由を述べよ．また，保護する方法を述べよ．

□**1.5** カーネルデータの統一性問題とは何か，述べよ．

□**1.6** ソースプログラムが公開されているOSプログラムについて，まずどのコードから実行されるか調べよ（無限ループになっているコードであるが）．

□**1.7** カーネルデータの統一性問題に関して，単一プロセッサでは割込み禁止命令を使うが，この方法は，複数のプロセッサから構成されるマルチプロセッサでは解決になっていない．なぜか，その理由を考察せよ．

第2章

I/Oシステムと割込み

OS を把握するとき，まずは全体像の把握と OS と周辺装置とのやり取り，通信方法を理解した方が分かりやすい．全体像は前章で述べた．本章では OS と周辺装置とのやり取り，通信方法，すなわち，入出力（I/O：input/output）システムとその周辺技術について述べる．周辺装置には，キーボード，プリンタ，ディスク，ネットワークなど多様な入出力装置がある．OS はユーザサービスの一環として，入出力装置を制御する必要がある．入出力装置は入出力制御デバイスが提供する機能を用いてプログラムで制御する．この制御プログラムをデバイスドライバと呼ぶ．このデバイスドライバを予めシステムのメモリ内に常駐させておくことが，OS が誕生する契機の一因になった．本章では I/O システムと，それに深い関係がある割込みについて述べる．

2.1　計算機ハードウェアの構成とメモリ階層

OS は，ハードウェアとユーザの間に位置するプログラムである．従って，計算機ハードウェアについても理解しておく必要がある．そこで，OS との接点になるハードウェア構成および OS が特に考慮する必要があるメモリ階層について述べる．

2.1.1　計算機ハードウェアの構成

計算機ハードウェアは図2.1 に示すように，下記から構成されている．

(1)　プロセッサ

演算を行う頭脳部分である．プロセッサは，**CPU**（Central Processor Unit）あるいは **MPU**（Micro Processor Unit）と呼ばれる．近年では，小規模な頭脳部分をコア（core）と呼び，コアを多数にしたものをメニーコア（many-core）と呼ぶこともある．本書では，これまでの慣習に従い，プロセッサを CPU と呼ぶことにする．CPU は下記から構成される．

1) **演算装置**（**ALU**，**Arithmetic Logic Unit**）：演算には，四則演算，無条件分岐命令，条件分岐命令などがある．CPU が提供する命令の集まりを**命令セット**（instruction set）と呼ぶ．どのような命令が提供されているかは，CPU ごとに異なる． 命令セットの設計は，互換性などを考慮

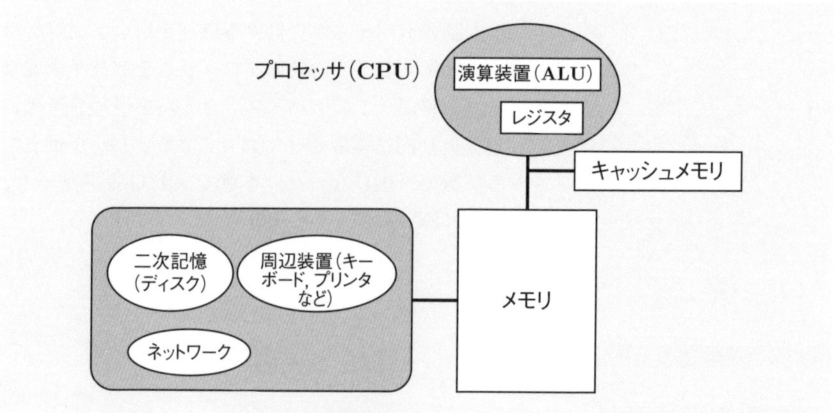

図2.1　計算機ハードウェアの構成図

した CPU 設計者の重要な仕事である．

2)　**レジスタ**：プログラム実行中のデータを一時的に格納する場所である．レジスタは，複数のプログラムで共有されると言うことが重要である（ほとんどの場合プログラムごとに専用のハードウェアのレジスタは持っていない）．このことは，OS がユーザプログラムをあたかも同時実行しているようにユーザに見せる多重プログラミングの仕掛けを提供するときのコンテキストスイッチングを実現するときにこのレジスタを意識しなければならないことになる．すなわちユーザプログラムの中断時にその時点のレジスタを含んだコンテキストの保存，さらに次に実行するユーザプログラムのコンテキストの復元を行う必要がある．この中断時のコンテキスト，復元するコンテキストを OS が保存しておく必要がある．

レジスタの種類は詳細にはプロセッサごとに異なるが，多くの場合下記を用意している．

- **汎用レジスタ**：汎用的に使われるレジスタで，実行中のプログラムのデータの一次的な格納場所に使用される．
- **専用レジスタ**：特別な目的のために設けられたレジスタであり，これには，**プログラムカウンタ**（PC，Program Counter：実行中のプログラムが現在どの命令を実行しているか，その命令のメモリアドレスが格納されている），**プログラム状態語**（プログラムの状態を示すレジスタであり，**PSW**（Program Status Word）と呼ばれることもある）などがある．PSW はプロセッサごとに異なるが，多くの場合，実行モード（ユーザモードかカーネルモードかの区別），比較命令実行後に設定される条件コードビット，割込み禁止フラグ，割込みの優先度，およびその他の多様な制御ビットから構成される．また，スタックポインタは，現在使用しているスタックの先頭を指している．

(2)　キャッシュメモリ

CPU からのメモリアクセスは時間がかかるので，プロセッサとメモリの間に情報を格納するバッファを設ける．このバッファは**キャッシュメモリ**（cache memory，**キャッシュ**）と呼ばれる．キャッシュは内容から検索する連想記憶（associative memory）になっている．また，物理アドレス，論理アドレスのどちらで検索するかにより各々物理アドレスキャッシュ，論理アドレスキャッシュの2種類がある．キャッシュの構成は従来は単一階層のみであったが，近年，多段階層になっており，プロセッサに近い方から順に一次キャッシュ，二次キャッシュ，三次キャッシュなどと呼ばれる．OS はあまりキャッシュを意識することはないが，細かく言えば，メモリ内容を二次記憶（通常はディスク）に追い出すときなど，細かな制御では関係してくる．

(3)　メ　モ　リ

メインメモリ，主記憶，一次記憶とも呼ばれ，プログラム，データを格納する場所である．電源を切ると内容が失われる．この性質を**揮発性**（volatile）と言う．CPU が直接アクセスできるのは，メモリまでである（後述のディスクには直接アクセスできない）．メモリの横幅は通常8ビット（1バイト）である．このメモリをバイトアドレッシング可能メモリと呼ぶこともある．OS から見れば，プログラム格納場所の中心的な存在になるので多様な仕組みが考案されている．現在採用されている仕掛けは，6章で述べる仮想メモリである．

(4)　二　次　記　憶

ファイルなどの情報の塊を二次的に格納しておく場所である．通常，磁気ディスクが用いられる．メモリとは異なり電源を切っても内容は残る．この性質を**不揮発性**（non-volatile）と言う．

PC の簡単な構成図を図2.2 に示す．入出力装置は，当該装置を制御するためのコントローラと装置からなる．ディスクであれば，ディスクコントローラ

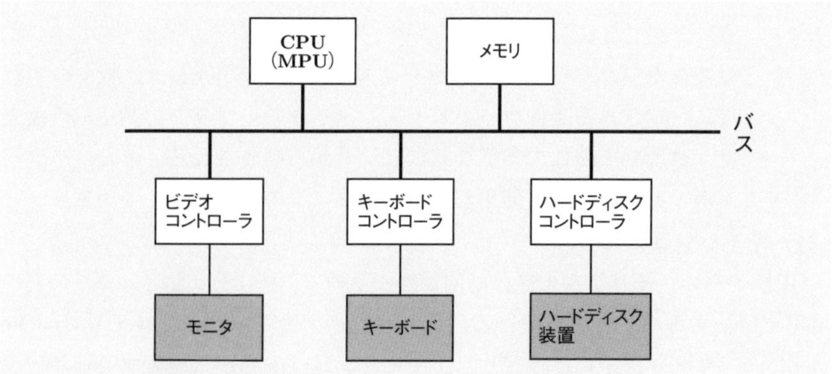

図2.2　パーソナルコンピュータの構成図（単純な場合）

と磁気ディスク装置からなる．各構成要素が 1 本のバスによってつながっているが，近年では装置の特性に合わせて多様で複数のバスと複数の通信プロトコルから構成されている．

2.1.2 メモリ階層

メモリ階層と各々のアクセス時間，サイズを図2.3 に示す．アクセス時間は，プロセッサからレジスタ，キャッシュメモリ，メモリ，二次記憶の順で遅くなる．メモリアクセス時間はレジスタアクセス時間に比べて数倍〜10 倍程度かかる．メモリアクセスが遅いことは，計算機のボトルネックになることから，現在の計算機モデルを考案したフォン ノイマンにちなんで，このボトルネックを**フォン ノイマン ボトルネック**と呼ぶ（フォン ノイマン計算機ではメモリに壁があるように見えるので**メモリの壁**（memory wall）とも呼ばれる）．ディスクアクセスはさらに極端に遅くなる．OS はディスクアクセスが遅いことを考慮した多様な仕組みを考えることになる．

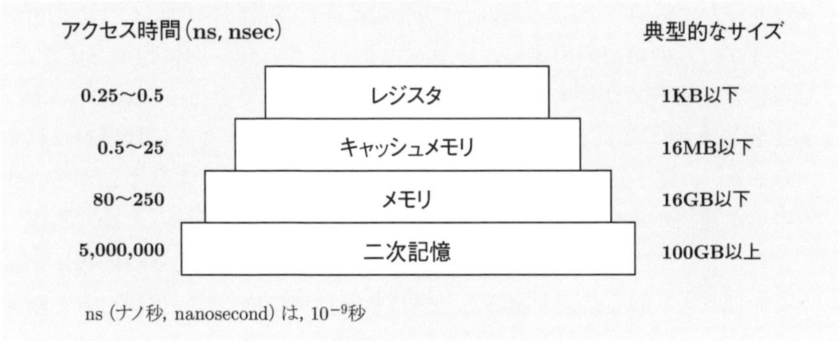

図2.3　メモリ階層

2.2 入出力装置からの完了通知の待ち方

CPU は入出力装置と何がしかの連絡方法，通信方法を持つ必要がある．まず，人間社会を考えてみよう．

- ある人（A さん）が別の人（B さん）に仕事（仕事 Z）を依頼し，その後で仕事 Z の完了を待つことになった．
- A さんは仕事 Z の完了を待つ方法として，B さんからの仕事完了の返事を今か今かと待つことを考えた．
- しかし，A さんは忙しくて別の仕事も持っており，仕事 Z だけに専念している余裕はない．
- そこで，B さんに仕事 Z を依頼するときに，仕事 Z が終わったら自分に知らせて欲しい旨を伝える．そうした方が A さんは別の仕事ができる．

上記の状況をまとめると，A さんの B さんへの仕事 Z の依頼方法と完了返事の待ち方は以下の 2 つの方法がある．

- **今か今かと待つ方法**：A さんが今か今かと待つ方法を**ポーリング**（polling）と呼ぶ，この名前の由来は，自分（A さん）から積極的に相手（B さん）の状態（仕事 Z が終わったか否か）を積極的に見ることに由来する．
- **仕事 Z が完了したら教えてもらう方法**：A さんが B さんに仕事を依頼するときに，完了したら教えてと言う．このとき，A さんは B さんからの仕事完了通知があった場合，現在やっている別の仕事を中断し，後で再開できるように中断時の状態（どこまでやったか，またそのときの内容）をどこかで覚えておく必要がある．通常はスタックに積む．この待ち方を**割込み**（interrupt）と呼ぶ．

上記で，計算機の世界では A さんはプロセッサ，B さんは入出力装置，仕事 Z は例えばディスク装置への入出力依頼（ファイルの読み書き，6 章で後述する仮想メモリにおけるページフォールト時のディスク内の論理ページをメモリへ持ってくる処理など）などの入出力装置への依頼となる．

上記の 2 つの待ち方（ポーリング，割込み）を**図2.4** に示す．以下に，ポーリングと割込みの詳細を述べる．

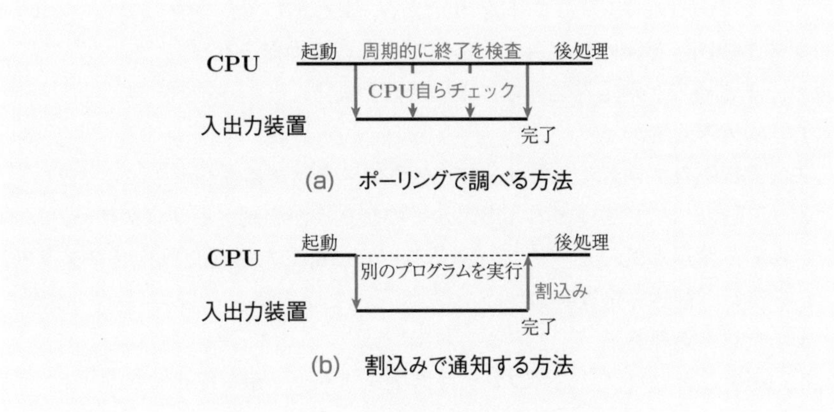

図2.4　入出力装置の完了を知る方法

(1)　ポーリング

入出制御装置は，特別なレジスタを持っている．この中のレジスタの 1 つとして制御レジスタがあり，その中に操作完了したか否かのビットを持っている．入出力装置は，依頼された処理が完了すれば当該ビットをオンにする（実際は 0 か 1 かである）．プロセッサは当該ビットを読込み命令により，チェックすることになる．ポーリングと言う名前の他に，この待ち方をプロセッサがいつも忙しく待つことに由来して**繁忙待機**（busy waiting，ビジーウェイティング）と呼ぶ．ポーリングは，下記の割込み方式に比べて待ち時間が短い場合は有効な方法であるが，待ち時間が長い場合プロセッサを浪費することになる．待ち時間が短いか長いかは一般的には予想することは難しい．

(2)　割込み

A さんが B さんに仕事を依頼したときに，B さんに仕事が終わったら教えてと言う方式である．A さんはその間，別の仕事をやることができる．

割込み処理を実現するためには，下記の処理が必要である．

- 割込みが入ったら，現在実行中のプログラムを中断する．このとき，割込み処理が終わった後で，中断したプログラムを再開できるようにするため，その中断状態（コンテキスト）の情報をスタックに保存する．
- 割込み処理を行う．
- 割込み処理が終了したら中断したプログラムを再開するため，スタックに積んであったコンテキストを復元する．具体的には，保存しておいたレジスタの内容を元のレジスタに格納するなどの操作を行う．

以上，まとめると割込み処理は以下の流れとなる．

1. 割込み発生
2. 実行中のプログラムのコンテキストをスタックに保存
3. 割込みハンドラ（どの入出力からの割込みかを調べるプログラム）に飛んで，割込み処理ルーチン（割込み内容に応じた処理を行うプログラム）を実行（割込み処理開始）
4. 割込み処理終了
5. 中断したプログラムのコンテキストをスタックから復元

ポーリングは割込み処理に比べて実現が比較的容易であるが，プロセッサ浪費の欠点がある．一方，割込みはプロセッサの浪費は軽減できるが，割込み時点の実行プログラムのコンテキストを保存する必要があるなど，プログラミングがポーリングより難しくなる．現在は，割込みが採用されている．

また後述する多重レベル割込みでは，より高い優先度の割込みが入った場合，その都度コンテキスト保存のためスタックを使うことになるので，スタック領域サイズが大きくなってくる．

2.3　割込みの種類

OS は，普段は自分から積極的に仕事をせずに静かにしておき，割込みを契機に実行されるプログラムである．すなわち，イベント駆動型プログラムである．割込みには大きく分けて，**ソフトウェアからの割込み**と**ハードウェアからの割込み**の 2 種類がある．

(1)　ソフトウェアからの割込み

ユーザプログラム実行中に，OS に対してサービスをソフトウェアで依頼する割込みである．具体的には，ユーザプログラムがシステムコールを発行して，OS に制御が移る割込みである．ソフトウェアからの割込みを**トラップ**（trap）と言うこともある．

(2)　ハードウェアからの割込み

CPU 自身あるいは入出力装置から CPU に対するハードウェアからの割込みである．このハードウェアからの割込みは大きく分けて，次に示す内部割込みと外部割込みの 2 種類がある．

1)　**内部割込み**：CPU がプログラムを実行中に発生する割込みである．下記の種類がある．

- **計算中のエラー**：値ゼロで割り算したとか，計算結果が計算機が表現できる数（浮動小数点表現）より小さくなったとか（アンダフロー），大きくなったとか（オーバフロー）のエラーである．内部割込みが入ったら，OS に制御が移り必要な処理を行い（例えば，そのエラーメッセージをモニタに表示する），当該実行プログラムを強制終了させる．
- **アクセスに関するエラー**：アクセスしたメモリ領域（データへのアクセスであれば，読出しのみ可能，読み書き可能，プログラムコードへのアクセスであれば実行可能の計 3 種類）へのアクセス権限が認められていない（**アクセス保護違反**）とかである．例えば，読出しのみしか許可されていないデータ領域（5 章で後述する論理ページ）へ書込みしようとしたとか，アクセスしたページがメモリにない（6 章で後述する仮想メモリのページフォールト）などがある．

この内部割込みを**割出し**あるいは**例外**（exception，fault）と言うこともある．内部割込みは一般的に割込みが入ることを抑止できない場合が多い．まず，ページフォールト（アクセスした論理ページがメモリにない）は抑止できない．値ゼロでの割り算，オーバフロー／アンダフローの割込みを抑止するか，許容（適切な値にして続行）するか否かはマシンに依存するが，通常は抑止しない場合が多い．

2) **外部割込み**：キーボード，プリンタ，タイマー，ディスク，ネットワークなどの外部の周辺装置から通知が入った場合の割込みである．通常，割込みと言えばこの外部割込みを指すことが多い．外部割込みは非同期に発生する．

割込みの種類や後述する割込みに優先度（多重レベル割込み）がある場合，これらの割込みに対して割込み受付けを許可するか否かの選択肢がある．割込み受付けを許可しないことを割込みをマスク（mask）すると言い，マスクされた割込みはプロセッサに通知されずマスクが解除された時点で初めてプロセッサに通知される．マスクできる割込みを**マスカブル割込み**（maskable interrupt），マスクできない割込みを**ノンマスカブル割込み**（NMI，Non Maskable Interrupt）と呼ぶことがある．内部割込みにおいて，プログラムのバグなどで許可されていないメモリ領域へのアクセスや読出しのみしか許されていないメモリ領域へ書込みを行うなどのアクセス保護違反は NMI となる．また 6 章で後述するページフォールトも NMI である．

2.4 デバイスドライバ

ユーザがキーボード，プリンタなどの入出力装置やディスク，ネットワークなどの周辺装置を使用するとき，OS はこれらのデバイスを制御することになり，その制御プログラムを**デバイスドライバ**と呼ぶ．周辺装置は多種多様であり，また用いられるチップ仕様によりそのハードウェアの仕組みは多様で複雑であり，デバイスドライバ開発者には高度なハードウェア知識とプログラミングスキルが求められる．通常，メーカが作ることになる．

入出力操作は，基本的に下記の操作からなる．

1) **入出力命令の発行**：プロセッサが入出力装置に対して発行する．
2) **データ転送**：プロセッサと入出力装置との間で，入力データあるいは出力データのやり取りを行う．データ転送の方法として，後述するプログラマブル I/O 方式と DMA 転送方式の 2 つがある．
3) **入出力命令の完了通知**：プロセッサが発行した入出力命令を入出力装置が完了したことをプロセッサが確認する．この待ち方として，前節で述べたポーリングではなく割込みの形をとる．このとき，確認には，実際のデータ転送までを確認するのか，単に入出力装置がプロセッサが発行した入出力を受け取ったと言うことのみを確認してデータ転送は後でメモリと周辺装置で行う DMA 転送に任せるのか，多様な形態がある．

上記を実現するため，具体的にはチップ仕様により詳細は異なるが，どの周辺装置，入力装置も下記のレジスタと同じ意味を持つレジスタを用意している．

- **制御レジスタ**：プロセッサが入出力装置に動作を依頼するためのレジスタである．プロセッサはこのレジスタに読み書きができ，入出力装置はこのレジスタの内容に従って動作する．
- **状態レジスタ**：入出力の状態を示すレジスタである．このレジスタには，プロセッサから依頼された現在の命令が完了した，データ入力レジスタから読み込めるデータがある，エラーが発生したなどのビット／情報がある．
- **データレジスタ**：入出力データを格納するためのレジスタである．キーボードからの入力データ，プリンタへの出力データが格納される．入力用データ，出力用データを個別にして 2 種類のレジスタ（入力レジスタ，出力レジスタ）を設けている場合もある．データが大きくなる場合，レジスタと呼ぶにはサイズが大きすぎるのでバッファと呼ぶこともある．

2.5 割込み処理

2.5.1 全体像と割込みハンドラ，割込み処理ルーチン

CPU に割込みが入ったら，その後の OS の処理は図2.5 に示すように大きく分けて次の 3 つのフェーズから構成される．

(1) 前処理

割込みが発生したら，実行中のプログラムを中断させる．このとき後で割込み処理からの復帰後に再開できるように，プログラムの状態（コンテキスト）を保存しておく．具体的には，中断時のレジスタの内容の退避，利用するスタックの切替え（割込み前に使用していたスタックから割込み処理が使用するスタックへの切替え）などを行う．

(2) 割込み自体への対応

割込み自体への対応は，下記の 2 つからなる．

1) どのような周辺装置からの割込みかを調べる．例えば，キーボードからの割込み，プリンタからの割込み，ディスクからの割込み，ネットワークからの割込みかを調べる．この処理プログラムを**割込みハンドラ**（interrupt handler）と呼ぶ．周辺装置はシステム開発時／構築時に番号付けされる．例えば，キーボードは番号 1，ディスクは 2，ネットワークは 3 とかである．

2) 割込みが入った周辺装置へ割込み内容に対応した処理／プログラムを実行する．このプログラムを**割込み処理ルーチン**（interrupt service

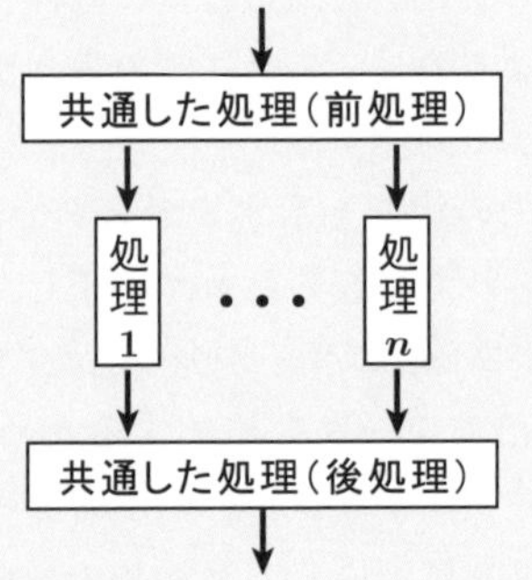

図2.5　割込み処理の流れ

routine）と呼ぶ．

なお，上記の 1)，2) の処理プログラム全体をまとめて割込みハンドラあるいは割込み処理ルーチンと呼ぶこともある．

(3) 後 処 理

基本的に，前処理と逆の処理を行う．すなわち中断したプログラムを再開するために，保存しておいたプログラムのコンテキスト（プログラムカウンタ，レジスタの内容，スタックポインタなど）を復元する．中断プログラムがユーザプログラムであれば，実行モードをカーネルモードからユーザモードに切り替える操作も行う．

2.5.2 割込処理の具体例

具体例を図2.6 に示す．割込み信号がプロセッサに入ったら，プロセッサは予め決められたメモリアドレス（図ではメモリアドレス 0250）にある表へ飛ぶ．この表のことを**割込みベクタ表**（interrupt vector）と呼ぶ．割込みベクタ表は上述した割込みハンドラに対応する．割り込みベクタによって，どのような割り込みが発生したかが分かるようになっている．割込みベクタ表の各エントリには，入出力番号に対応した入出力装置から割込みが入った場合にその割込みを処理すべきプログラム（割込み処理ルーチン）が格納されている先頭のメモリアドレスが格納されている．なお，割込みベクタの各エントリに直接割込み処理ルーチンプログラムを格納しないのは，このプログラムの大きさが処理によって異なるなど柔軟性を持たせるためである．

番号 2 の入出力装置からの割込みが入ったとし，下記の処理を行う．このとき，割込みベクタの各エントリサイズを 4 バイトと仮定する．

- 前処理：実行中のプログラムを割込み処理後に再開できるように実行中のレジスタ内容（PC レジスタ，プログラム状態語（PSW）レジスタ，その他のレジスタ内容など）を保存する．
- 番号（エントリ）2 のアドレスを計算する．この計算はハードウェアにより行う．図の例だと，番号 2 のメモリアドレスは，$0250 + (2 - 1) \times 4$（エントリサイズ，単位：バイト）$= 0254$ となる．
- メモリアドレス 0254 の内容（すなわち 5090）を PC レジスタに設定する．
- メモリアドレス 5090 から格納されているプログラム B（入出力装置 2 に

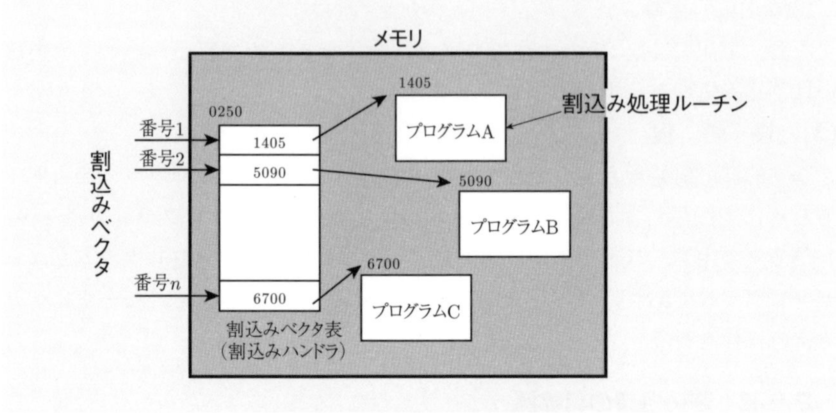

図2.6 割込み処理の例題

対応した割込み処理ルーチンのプログラム）が起動される．

- 後処理：プログラム B の実行後，割込み直前に実行していたプログラムのコンテキストの復元を行い当該プログラムを再開する．

2.5.3 割込みハードウェア

割込み機能はハードウェアで実現されている．プロセッサは，プログラムの各命令を実行した後で読む**割込み要求線**（**IRQ**, Interrupt-Request Line）と呼ばれる専用の線が用意されている．PC では通常 IRQ0〜IRQ15 の 16 本の線が用意されている．CPU は下記の操作を行う．

- 各マシン命令の実行ごとに，IRQ に信号が来ているか否かを調べる．
- 信号が来ていない場合，現在の実行を続行する．
- 信号が来ている場合，割込み処理（割込みハンドラと割込み処理ルーチンの起動）を行う．

2.5.4 多重レベル割込み

割込み処理中に別の割込みが入った場合どうするか？と言う問題がある．この仕組みは割込み制御チップによって異なり複雑であるが，通常は割込みにレベルの優先度を設けて優先度の高い割込みが実行される．この仕組みを**多重レベル割込み**と呼ぶ．割込みレベルは番号付けされ，通常は番号の小さい方がレベルが高いとしている．番号は 0 から始まる．割込み番号は，通常 0〜256 程

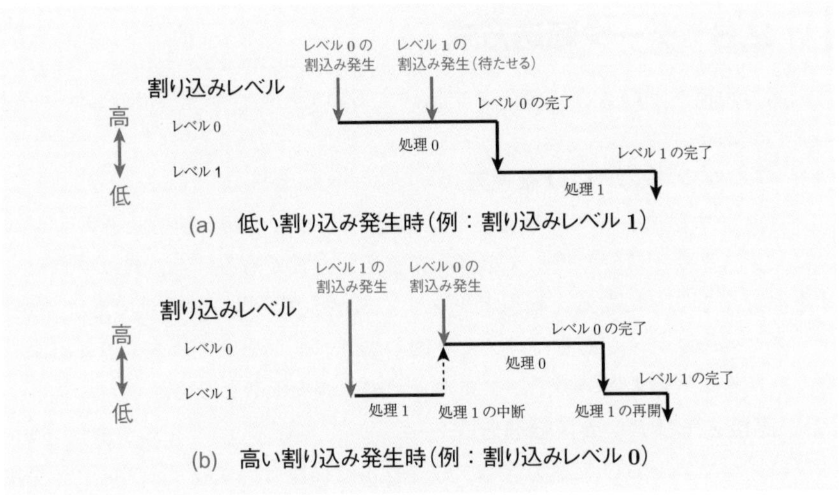

図2.7 多重レベル割込み

度の番号が割り当てられる．図2.7の例で述べる．

(1) 低い優先度の割込みが入った場合

- 優先度の高い割込みレベル0を実行している途中に，それより低い優先度のレベル1の割込みが入った．
- レベル1の割込みは待たせ，レベル0の完了後にレベル1の処理を行う．

(2) 高い優先度の割込みが入った場合

- 低いレベル1の実行中に高い割込みレベル0が入った．
- レベル1の処理を中断し，レベル0の処理を行う．
- レベル0の処理完了後，中断したレベル1の処理を再開する．

なお優先度割込みは，チップによってその仕様が異なり複雑である．高い優先度の割込みを実行中に低い優先度の割込みが入った場合，その低い優先度の割込みは記憶しないなどのチップ仕様も以前あったが，近年では記憶するチップ仕様になっていることが多い．また，同一レベルの割込みが入った場合どうするか？いくつまで割込み優先度を記憶できるか？など，複雑である．また，優先度の下にサブ優先度を設けているものもある．

2.6　データ転送方式

入出力装置へどのようにデータを転送するのであろうか？ これには，下記の2つがある.

(1)　プログラマブル I/O 転送方式

プロセッサが状態ビットを監視し，転送 OK となったら制御装置のレジスタにレジスタサイズ分のデータを直接書き込む方式である．本方式はプロセッサを浪費することになる．転送データサイズが小さい場合はそれでもよいが，ディスクへのファイルあるいはメモリ内の論理ページをディスクへ追い出す場合，転送サイズが大きいので，プロセッサの大幅な浪費となる.

(2)　直接メモリアクセス転送方式

プログラマブル I/O 転送方式はプログラムで操作を行うので，プロセッサの浪費に加えて高速な入出力装置では処理が間に合わなくなり，連続的なデータ転送ができない．そこでメモリから出力装置へデータを直接転送する方式が考案された．この方式を **DMA 転送** (Direct Memory Access) と呼ぶ．DMA 転送はハードウェアで実現されるので処理が速くなり，DMA 転送時にはプロセッサを使用せずプロセッサは別の仕事ができるので，プロセッサの浪費から解放される.

DMA 転送の操作は以下からなる.

- DMA 機能を持った出力制御装置は，転送すべきデータが格納されているメモリアドレスを示すレジスタ（転送メモリアドレスレジスタ），および転送するデータサイズを示すレジスタ（転送データサイズレジスタ）を持っている．プロセッサはこれら2つのレジスタに必要な情報（アドレスとデータサイズ）を書き込むとともに，制御レジスタ内の動作開始ビットをオンにする．その後，出力制御装置はメモリデータアドレスからデータサイズ分のデータを出力装置に出力する．データ転送はメモリと出力制御装置との間で行われるので，この間プロセッサは介入しない．データ転送の完了通知は割込みの形でプロセッサに通知される.

なお，DMA 転送は，転送すべきメモリ内のデータがキャッシュ内の当該データと異なっている場合（キャッシュ内データが最新である）があるので，これへの対応が必要な場合もある.

2.7 プロセッサからの I/O の見え方

プロセッサから I/O システムはどのように見えているのであろうか？ 下記の 2 つの見え方がある.

(1) ポートマップド I/O 方式

入出力用にメモリアドレス空間とは異なる特別な出入り口（ポート）を用意する方法を**ポートマップド I/O 方式**（port-mapped I/O）と呼ぶ. **I/O ポート方式**と呼ぶこともある. ポート番号はシステム設計あるいは開発時に予め決めておく必要がある. プロセッサは，入出力用に設定されたポート番号に対して必要な操作を行う. この操作を行うために計算機は IN 命令，OUT 命令など特別な命令を用意している.

(2) メモリマップド I/O 方式

上記のポートマップド I/O 方式は，OS 開発者がメモリ空間とは独立した空間を意識したプログラミングをしなければならない. OS 開発者にとっては，メモリ空間の一部に見えた方がよい. そこでメモリ空間の一部に I/O 空間が見える機構が考案された. この機構を**メモリマップド I/O 方式**（memory-mapped I/O）と呼ぶ. プロセッサが出力装置へデータを出力（書込み）する際は，メモリへの書込みに見えることになるので統一性がとれることになる. どの出力装置がどのメモリアドレスに対応するかは，システム構築時に予め決めることになる. OS 開発者から見れば，例えばプリンタへ出力する場合プリンタに割り当てられたメモリアドレスへ書き込むことになる. なお，キャッシュがありライトバック方式を用いている場合，最新情報はキャッシュにあるので何がしかの対応が必要となる.

2章の問題

□**2.1**　OS は計算機ハードウェアを意識する必要があるが，全ての詳細を意識する必要はない．OS が意識しないといけない計算機ハードウェアとしてどのようなものがあるか述べよ．また，そのハードウェアのどこまでを意識する必要があるか，さらに，その理由を述べよ．

□**2.2**　CPU と入出力装置との間の通信方法としてどのような方法があるか，説明せよ．また，各々の方法の利点，欠点を述べよ．

□**2.3**　割込みが入った場合，OS はどのような処理をしなければならないか，述べよ．

□**2.4**　割込み処理の具体例を自分なりに考えよ．

第3章

ファイルシステム

ユーザはプログラム，テキスト，表，図，画像など多様なデータ（情報の塊）を計算機内に保管しておきたい．これらの情報の塊を保管／管理するのとともに，ユーザにこれらの情報の塊に関する使い勝手のよいサービスを提供するのが，OS 機能の一部であるファイルシステムである．ユーザから見れば，OS 機能としてまず最初に意識する馴染みのある機能である．本章では，このファイルシステムを述べる．

3.1 ファイルシステムの基礎

計算機では，多様な情報の塊を作成，保管する必要がある．これらの情報を管理するシステムがファイルシステムである．

(1) ファイルとは？

ファイルとは，あるまとまった情報の塊である．情報の塊としてプログラム，データ，文章，表，画像など多様なものがある．また，プログラム1つをとって見てもソースプログラム，オブジェクト形式プログラム，実行形式プログラムなど多様なものがある．

(2) ファイルへの支援方法と構造

上述の異なるデータ構造／形式をOSがどこまで支援するかである．大きく分けて，次の2つの支援方法がある．

1) **OSは細かに支援する**：多様なデータ構造をOSが予め用意して，支援する方法で，昔のメインフレームのOSで採用されてきた．この方法はファイルがOSの支援する構造であれば，効率よく使用できることになる．この方法の利点はユーザが作成／保管したいファイルが細かに支援した構造にぴったり適合すれば，ユーザにとって使い勝手がよいことになる．欠点はOSはユーザのニーズを想定し，多様な構造を準備しなければならず，OSが強大化し複雑になることである．また，支援していないファイル構造であれば，極めて煩雑な操作となりユーザに負担がかかることになる．

2) **OSは大まかに支援する**：OSは基本的／基礎的な構造しか提供しない支援方法である．この極端な例として，UNIX系OSのバイトの並びがある．大きくは以下の構造がある．

- **バイトの並び**：単なるバイトの並びとする構造であり，特定の構成を持たない．UNIX系OS，Linuxで採用されている．OS自身はバイトの中身の解釈は行わず，その解釈はユーザ空間に委ねられている．
- **レコードの並び**：ファイルは，レコード（record）と呼ばれる単位の並びとして構成されている．メインフレーム用のファイルシステムなどがこの方式を採用している．
- **属性の並び**：ファイルの中身となるデータとその属性から構成されている．Mac OSなどがこの方式を採用している．

(3)　ファイルの操作とシステムコール

ファイルは，ユーザからの直接アクセスから保護する必要がある．例えばあるデータファイルは読出ししか許さないとか，読み書きを許可するとか，実行を許可するとか，これらのアクセス方法を決める必要がある．そこで，ファイル操作はOSが行った方がよいので，OSはファイル操作をシステムコールとしてユーザ空間に提供する．代表的な操作，システムコールとして下記のものがある．

1)　**ファイルを開く（オープン，open）**：ファイルを使用することをOSに知らせる．OSは当該ファイルに対して必要な準備を行う．このときファイル名，どのようにプログラムで使用するか（読出し，書込み，実行）を引数として指定する．OS内部では，ディスク内での当該ファイルの位置を特定したり，アクセス権が妥当か否かのチェックを行う．

2)　**ファイルを閉じる（クローズ，close）**：当該ファイルの使用を終了したことをOSに知らせる．OSはOS内部に確保した領域の解放などを行う．

3)　**ファイルを読み込む（read）**：ファイル名を指定して，ファイルをメモリに読み込む．読み込む箇所はファイルの読込みポインタで指されている箇所から読み込み，読込み完了後，読込みポインタを更新する．

4)　**ファイルへ書き込む（write）**：ファイル名と書き込む情報を指定して，書込み情報をファイルに書き込む．ファイルの書込みポインタが指している箇所から書き込み，書込み完了後，書込みポインタを更新する．

なお，ユーザプログラムがclose命令を忘れていたりする場合がある．そのままにしておくとゴミとなるので，OSは当該プロセスが終了した場合には自動的にclose処理を行うのが普通である．

(4)　ファイルの情報

ファイルの情報はOSによって異なるが，多くの場合，下記の情報をOSが管理している．

- **基本情報**：ファイル名，サイズなどのファイルの基本情報．
- **ファイルの属性**：ディレクトリか，一般のファイルかを示す情報．
- **アクセス保護**：読出し，書込み，実行のうち，どのようなアクセスを許すかを示す情報である．このアクセス属性も，作成者のみか，あるグループか，その他かなど，グループを定めてそのグループごとに設定することが多い．
- **その他の情報**：作成者，作成日時，最新更新日時など

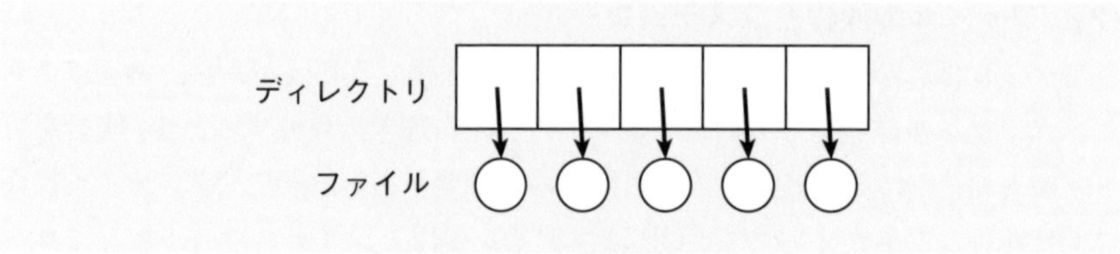

図3.1　単一階層モデル

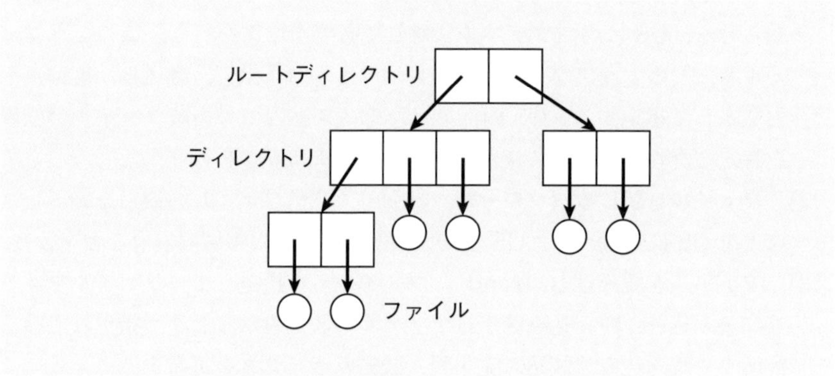

図3.2　多重階層モデル（ツリー状）

(5)　ファイル全体の構造

複数のファイルをどのような形で管理するのかであり，管理方法には大きく下記の 2 つがある．

1)　**単一階層モデル**：図3.1 に示すように，ファイルを一次元で管理する方法である．実現が容易になると言う利点があるが，複数のファイルで同一の名前を付けられないと言う欠点があり，ファイル数が多くなるとこの方法は破綻する．

2)　**多重階層モデル**：図3.2 に示すように，ツリー構造で管理する方法である．ディレクトリが異なれば同じファイル名を付けることができ，また整理しやすいと言う利点があり，多くの OS ではこの方法を採用しているため，読者にとって馴染みのある構造である．

(6)　ファイルの指定方法

ツリー構造では，ルートからのパス名で指定することになる．この指定方法で指定されたパス名を**絶対パス名**と呼ぶ．しかし，ツリーの深さが増してパス長が長くなると，この絶対パス名では煩わしくなる．そこで，現在どこで作業しているか，どこにいるかを基準（**カレントディレクトリ**と呼ぶ）にして，そこからのパスで指定する方法も通常用意していることが多い．この方法で指定されたパス名を**相対パス名**と呼ぶ．絶対パス名，相対パス名の指定方法は，UNIX 系 OS などのコマンドベースのユーザインタフェースではユーザは強く意識するようになる．GUI ベースのインタフェースでは相対パス名の指定方法が使用されているが，GUI なのでユーザはその指定方法になっていることをユーザは特には意識していない．

(7)　ファイルへのアクセス方法

ファイルへの読み書きアクセスには，通常，以下の 2 つのアクセス方法がある．

1)　**逐次アクセスあるいは順アクセス (sequential access)**：ファイルの先頭からアクセスする方法である．逐次アクセスは，可変長のテキストファイルを扱う場合に利用されることが多い．

2)　**ランダムアクセス (random access)**：ファイルの特定のバイト位置などを指定してアクセスする方法である．ランダムアクセスは固定長バイナリファイルを高速に処理する場合に利用される．

3.2 ディスクの構造とソフトウェアからの見え方

3.2.1 ディスクのハードウェア構造

(1) ハードウェア構造

ファイルは二次記憶に格納され，通常は磁気ディスク（単に**ディスク**と呼ぶ）が採用される．ファイルシステムの物理的理解には，ディスクのハードウェア構造を理解しておく必要がある．メモリは電源を切るとその内容が失われるが（揮発性），ディスクは電源を切ってもその内容が失われない（不揮発性あるいは永続性）．

ディスクは，図3.3に示すように複数枚の円盤で構成されている．またディスク内の情報を読み書きするために，先端に磁気ヘッドが付いているアームがある．磁気ヘッドの真下の情報を読み書きすることになる．従って，所望のデータを読み書きするために，当該データが磁気ヘッドの真下にくるように，円盤を回転させたり，アームを移動させたりする必要がある．円盤の同一円周上にあるものを**トラック**（track）と呼ぶ．トラック上への読み書きは，ハードウェアではあるまとまった単位である**セクタ**（sector）と呼ばれる単位で読み書きされる．言い換えれば，トラックは複数のセクタから構成されている．セクタのサイズは512バイト～2Kバイトのことが多い．また，複数枚の円盤の同一トラックからなる集合を**シリンダ**（cylinder）と呼ぶ．これは，円筒状のシリンダに似ていることから命名されている．セクタを指定する場合，（円盤番号，トラック番号，セクタ番号）の三次元の指定になるが，これをある円盤

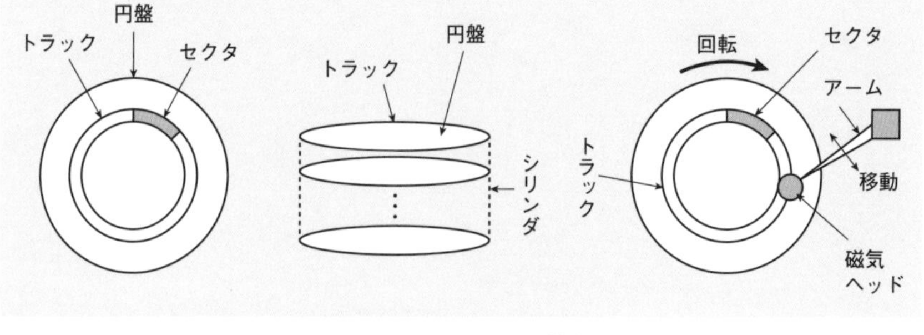

図3.3 ディスクの構造

に着目して，円盤の中心のトラックから，さらにトラック内のセクタから番号付けし，それをさらに他の円盤へと逐次的に番号付けした一次元の番号で管理する方法もある．

ハードウェア的には，上述したセクタに対して読み書きを行うことになる．ファイルは，物理的には複数のセクタに保存されるので（ソフトウェア的には後述する論理ブロック），上述したように円盤を回転させ，さらにアームを移動させることにより，所望のセクタの下に磁気ヘッドを動かし，読み書きすることになる．

3.2.2 ソフトウェアからの見え方

(1) ソフトウェアからの見え方

ハードウェアが読み書きできる単位はセクタであるが，ソフトウェアが読み書きできる単位をセクタとは独立した単位，サイズにした方が柔軟な運用ができる．ソフトウェアによる読み書きできる単位を**論理ブロック**（**レコード**と呼ぶこともある）と呼ぶ，通常，論理ブロックのサイズはセクタのサイズよりも小さい．従って，1つのセクタは複数の論理ブロックから構成されることになる．ソフトウェアであるOSから見れば，ディスクは論理ブロックの集まりに見え，ファイルは複数の論理ブロックから構成されることになる．また，論理ブロックは番号付けされて管理されるが，番号付けはトラック，セクタを考慮して逐次的に番号付けされるので，番号の近い論理ブロック同士は物理的にも近い箇所にある．例えば，論理ブロック45，46は同一セクタ内にあるとかである．この場合，論理ブロック45，46へのアクセスは，円盤の回転，アームの移動が1回で済み，速くアクセスできることになる．逆に，論理ブロック45，90が異なるトラック，異なるセクタにあれば，円盤の回転とアームの移動は論理ブロック45に対して1回，論理ブロック90に対して1回，計2回行うことになるので，この2つの論理ブロックへのアクセスは遅くなる．このことは，後述するファイルの割当て方法に影響を与える．なお，論理ブロックサイズはOSに依存するが，5章で後述するメモリ管理のページングシステムにおける論理ページサイズにとることもある．

(2)　ブロッキング／デブロッキング

OSがある論理ブロックに対して操作（読み書き）することを考える．ハードウェア的には論理ブロックサイズよりも大きなセンタ単位でしか操作できないことに注意する．まず，当該論理ブロックが入っているセクタをメモリ内に読み出し，その後読み出したセクタを複数の論理ブロックに分解することにより，所望の論理ブロックにアクセスできることになる．このように，セクタを複数の論理ブロックに分解することを**デブロッキング**と言う（**アンパッキング**と言うこともある）．逆に，書込みした論理ブロックをセクタにまとめることを**ブロッキング**と呼ぶ（**パッキング**と言うこともある）．

(3)　ファイルへのアクセス時間

論理ブロックが格納されているセクタへのアクセス時間は下記からなる．

1)　**シーク時間（seek time）**：ファイルの論理ブロックが格納されているシリンダあるいはトラックに磁気ヘッドがくるように，アームを移動させる時間のことである．

2)　**回転待ち時間（latency time）**：所望のシリンダあるいはトラックに移動した磁気ヘッドを，所望の論理ブロックが格納されているセクタの真下にくるように円盤を回転させる時間のことである．

3)　**転送時間（transfer time）**：上記のアームの移動と円盤の回転により磁気ヘッドが所望のセクタに来るので，そのセクタをメモリに転送する時間のことである．

すなわち，論理ブロックが入っているセクタへのアクセス時間＝シーク時間＋回転待ち時間＋転送時間からなる．上記をファイルが入っている複数のセクタ（さらには論理ブロック）に対して行うことになる．

3.3　ファイルシステムの実現

ファイルシステムの実現方法を述べる．以下の2つからなる．

- **空き領域管理**：どの論理ブロックが空いているかを管理する．
- **ファイルの割当て方法**：空いている論理ブロックにファイルを格納する方法である．

3.3.1　空き領域管理

ファイルは後述するファイルの割当て方法により，ディスク内の論理ブロックに格納されることになるが，まず，どの論理ブロックが空いているかを管理する必要がある．空きブロックの管理方法として下記の2つがある．

1) **ビットマップによる管理**：論理ブロックごとに1ビット設けて，使用(1)か空き(0)かを管理する方法である．例えば，論理ブロックの数が1024個だと，ビットマップのサイズは1024ビットとなる．本手法の利点は，連続する空き論理ブロックが見付けやすいことである．例えば，ビットマップで10001となっていれば，空きを示すゼロが続く連続する3つの空き論理ブロックがあることが分かる．これはファイルへのアクセス時間に影響を与える．この場合だと，空いている連続する3つの論理ブロックにファイルを格納すれば，シーク時間，回転時間が小さくなりアクセスが速くなる．欠点はビット長が論理ブロック番号分必要となり，大きくなることである．この欠点は，ディスクサイズも大きくなり低廉化しているので大きな欠点にならない場合もある．
2) **リストによる管理**：欲しい情報は空いている論理ブロックがどれかを把握することなので，空き論理ブロックのみをリストの形で管理する方法である．通常，複数の空き論理ブロックを連結したポインタで管理する．この方法の利点は管理サイズが小さくなることである．欠点は，ポインタ管理の一般的な欠点であるポインタが破壊されると辿れなくなることである．

3.3.2　ファイルの割当て方法

上記の空き領域管理により見付かった空き論理ブロックに，ファイルを格納する方法である．この方法として下記の方法がある．

(1)　連続割当て方法

図3.4 に示すようにファイルをディスク内の論理ブロックに連続的に割り当てる方法である．このとき，ファイルがどの論理ブロックに格納されているかを管理する必要がある．この管理情報が格納されているブロックを**ディレクトリ**と呼ぶ．Windows OS では，**フォルダ**と呼んでいるものである．

この方法の利点は，ファイルへのアクセスが連続する論理ブロックになり，物理的にも近い箇所にあるので，アクセス時間が短くなることである．例えば，ファイルが 2 つの論理ブロックからなり，それらが 1 つのセクタに入っている場合，ファイルアクセスはその 1 つのセクタへのアクセスだけでよい．欠点は外部断片化が生じやすくなり，ディスクが有効活用できないことである．

外部断片化（external fragmentation）とは一般的には，ある領域（この場合はディスク）にあるオブジェクト（この場合はファイル）を連続的に格納したい場合，領域全体としてはそのオブジェクトを格納するための空き領域があるにもかかわらず，連続していないためにその空き領域全体が無駄になることである．例えば，ディスク内にある 2 つの連続領域の各々に 2 論理ブロック，5 論理ブロックの空き領域があったとする．このとき 7 論理ブロックからなるファイルを格納することを考える．空き領域サイズが 7 論理ブロックであるので，7 論理ブロックのファイルは物理的には格納できる．しかし，連続割当て方式では 7 つの論理ブロックの連続した空き領域がないので格納できないこと

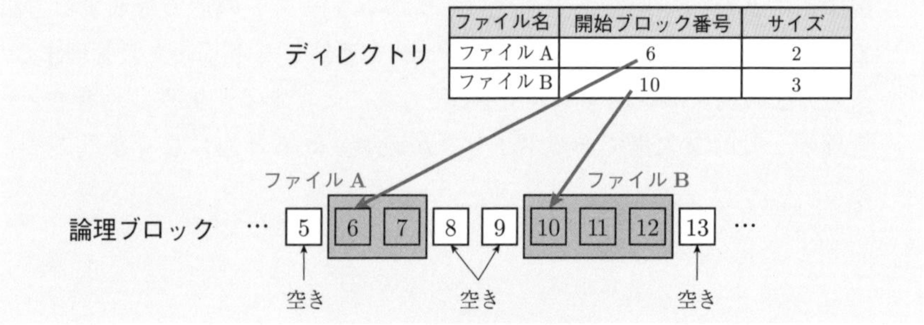

図3.4　連続割当て方式

になる．この 7 つの空き論理ブロックが有効活用できず，無駄になることが外部断片化である．

外部と言う言葉があるように，**内部断片化**（internal fragmentation）と言う言葉がある．内部断片化とは，ある小さな領域（ここでは論理ブロックになる）に注目した場合その領域に目いっぱいに情報が格納されず，余りの空き領域ができて，その部分が無駄になることである．下記に例を示す．

- 論理ブロックサイズは 1 K バイトとする．
- 格納したいファイルサイズは 1.8 K バイトである．
- 従って，ファイルは 2 つの論理ブロックから構成される．
- ファイルの最後（2 番目）は 0.2 K バイト余ることになる．
- この 0.2 K バイトの活用できない領域が内部断片化である．

外部断片化，内部断片化の話は 5 章で後述するメモリ管理のメモリへのプログラムの割当て方法のところでも出てくる．

連続割当て方式でディスク内に十分な空き領域が複数ある場合，どの空き領域にファイルを格納するかの選択肢がある．この選択肢として下記の方法がある．

1) **初適合方式（first fit）**：空き領域を検索していき，最初に見付かった十分な空き領域を選ぶ方法である．
2) **最適適合方式（best fit）**：全ての空き領域を検索し，十分な複数の空き領域の中から，ファイルを格納した場合にそれによって生じた空き領域の大きさが最も小さくなる空き領域を選ぶ方法である．言い換えれば，十分な空き領域の中で大きさが最小となる空き領域を選ぶ方法である．
3) **最悪適合方式（worst fit）**：上記とは逆に，生じた空き領域の大きさが最も大きくなる空き領域を選ぶ方法である．言い換えれば，十分な空き領域の中で大きさが最大となる空き領域を選ぶ方法である．

例として下記を考える．

- 2 論理ブロックからなるファイルを格納する．
- このとき，2 論理ブロックを格納できる十分な連続空領域として，検索順に 4 論理ブロック，3 論理ブロック，5 論理ブロックがある．
- first fit では，最初に見付かった 4 論理ブロックを選択する（余りは，2 論理ブロックとなる）．

- best fit では，3論理ブロックを選択する（余りは1論理ブロックとなる）．
- worst fit では，5論理ブロックを選択する（余りは3論理ブロックとなる）．

上記の方法は下記の利点，欠点がある．

○ **first fit と best fit，worst fit との比較**：first fit は，空き領域全体を検索する必要がないので空き領域の検索時間が短くなる．best fit，worst fit は，空き領域全体を検索しないといけないので，検索時間がかかる．

○ **best fit と worst fit との比較**：best fit はその名前が示すようにベスト（最適），worst fit はワースト（最悪）のように思えるが実は下記になる．

- best fit はぎりぎりの空き領域にファイルを格納するので，その結果小さな空き領域（ホール）ができやすい．すなわち，外部断片化が生じやすい．逆に worst fit は best fit に比べて格納した後に大きな空き領域になる可能性が高く，外部断片化が best fit に比べて生じにくくなる．

一般的に，first fit，worst fit がよいと言われている．

(2)　分割割当て方式

上記の連続領域割当てで外部断片化が生じる欠点を解決するには，ファイルの論理ブロック単位に（連続ではなく）分散してディスクに格納すればよい．この方法を**分割割当て方式**と呼ぶ（図3.5参照）．ディレクトリには，開始論理ブロック番号とサイズを記載し，各論理ブロックには次の論理ブロックへのポインタを張る．本方法の欠点は，ポインタ管理の一般的な欠点であるような，ある論理ブロックが破壊された場合それ以降のポインタを辿れないことである．

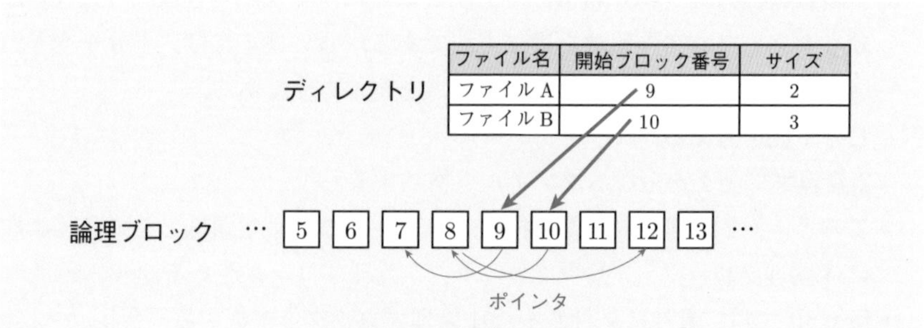

図3.5　分割割当て方式

(3) 索引付き割当て方式

上述の分割割当て方式で生じるポインタ管理の欠点を解決するため，ファイルが格納されているブロック番号をある1つの論理ブロックに一括して管理する方法である．この方法を**索引付き割当て方式**と呼ぶ．ディレクトリには，索引が格納されているブロック番号が記載される．**図3.6**の例では，ディレクトリにはファイルA，Bの各々の格納情報が一括管理されている論理ブロック5，13が記載されている．論理ブロック5はファイルAが論理ブロック9，7に格納されていることを示している．多くのOSが採用している方式である．

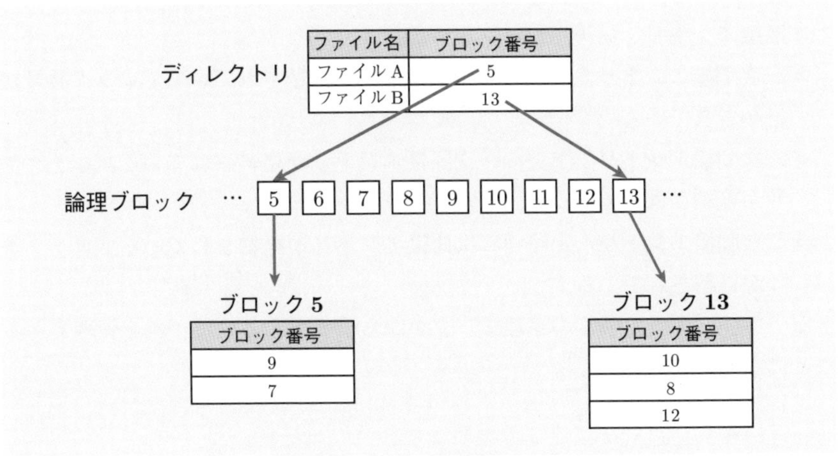

図3.6 索引付き割当て方式

なお，分割割当て方式，索引付き割当て方式では，1つのファイルを構成する論理ブロックがディスク内に散在することになる．ファイルアクセス時間を短くするためには，これらの論理ブロックは物理的にも近くにあった方がよい．すなわち，散在する論理ブロックを整理して近くに置くようにした方がよい．多くのOSでは，この機能をツールとして提供している．例えば，Windows OSでは，ディスクのプロパティを見るツールの中の最適化の項目でこの整理，すなわち散在して格納されているファイルを連続する論理ブロックに集める処理を行っている．

3.3.3 i-node

上記の索引付き割当て方式は，索引ブロックに論理ブロック番号を直接記述するため，ファイルの大きさが制限されることになる．例えば，索引ブロックに 1024 個の論理ブロック番号しか記載できない場合，ファイルの大きさが 1024 個の論理ブロックのサイズ以下に制限されることになる．この制限を取り払い，より多くのファイルサイズを表現するために，UNIX 系 OS では，図3.7 に示す **i-node** と呼ばれる管理方法を採用している．i-node は索引ブロックであるが，i-node 内の各エントリには，次の種類のエントリを用意している．

- **直接エントリ**：論理ブロックを直接指す．
- **一次間接エントリ**：上記の直接エントリが格納されているブロック番号が格納されている．
- **二次間接エントリ**：上記の一次間接エントリが格納されているブロック番号が格納されている．
- **三次間接エントリ**：上記の二次間接エントリが格納されているブロック番号が格納されている．

上記の方法により，多くの論理ブロックから構成されるファイルを管理できることになる．

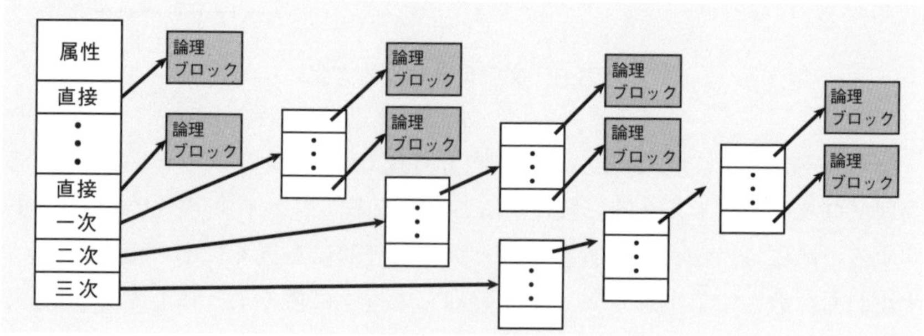

図3.7 i-node

3 章の問題

□**3.1**　ファイルとは何か，述べよ．

□**3.2**　ユーザが直接ファイル操作できず，その操作を OS に依頼している理由を述べよ．

□**3.3**　ファイルに対して，OS は一般的にどのようなサービス（関数）を提供しているか述べよ．また，特定の OS を考え（例えば，UNIX 系 OS，Windows OS，Mac OS など），具体的な関数を調べよ．

□**3.4**　ファイル管理に空き領域管理方式とファイル割当て方式がある．各々の方式の中で具体的な方式を述べ，各々の利点，欠点について議論せよ．

□**3.5**　ファイルの連続割当て方式を考える．このとき，ファイルを格納するだけの十分な空き領域が複数あった場合，その中から 1 つの空き領域を選ぶ必要がある．その選択方法としてどのような方法があるか述べよ．また各々の方法の利点，欠点を述べよ．

□**3.6**　ファイルのディスクアクセスはまずはトラックへのアクセスとなる（回転待ちは無視するとする）．このとき，複数のファイルからトラックへのアクセスがあった場合，アームを所望のトラックへ移動（シーク）させる必要がある．複数のトラックへ要求があったときに，トラックをどの順番でアームを移動させるかの選択肢（ディスクスケジューリングと呼ぶ）がある．このディスクスケジューリングとしてどのようなものがあるか述べよ．また各々の利点，欠点を述べよ．

□**3.7**　i-node を考える．ブロックサイズ，ファイルの論理ブロックサイズ，直接エントリ数，一次間接エントリ数，二次間接エントリ数，三次間接エントリ数を自分なりに設定し，その設定した条件において，i-node が表現できるファイルの大きさ（論理ブロックの数）はいくらになるか求めよ．

第4章

プロセス管理とスケジューリング

計算機の中心的な仕事はプログラムを実行することである．ユーザが書いたソースプログラムをコンパイラにより機械命令に翻訳されて計算機で実行できるようになった実行形式プログラムに対して実行コマンドが入力された時点で，OS はその実行のサービスを行う必要がある．そのために OS が管理／サービスする機能がプロセス管理である．本章では，そのプロセス管理を述べる．まず，プロセスと呼ばれる，実行するプログラムを OS が抽象化することについて述べる．次に複数のプログラムをプロセッサが遊ばないようにした多重プログラミングの概念とそれを実現するコンテキストスイッチングについて述べる．さらに，複数プロセスをどのような順番でプロセッサに割り当てるかのプロセッサスケジューリングを述べる．最後に，並列処理を契機として考案されたスレッドについて述べる．

4.1 プロセスとは？

計算機の中核の仕事はプログラムを実行することであり，OS はこのためのサービスをユーザ空間に提供する必要がある．ソースコードのプログラムは，コンパイル，リンクされて実行形式のプログラムになり，メモリにロードされて，実行することになる．このとき，OS は実行中のプログラムを何がしかの形で抽象する必要がある．この抽象化したものが**プロセス**と呼ばれるものである．プロセスは重要な概念であり，本書の中で随所に現れるが読者にとって分かりにくい概念かと思う．しかし，本書を読むうちに慣れてくると思う．プロセスの定義は厳密には難しいが，大きく次の 3 つの定義がある．

- 実行可能状態または実行状態にあるプログラム
- 仮想プロセッサ
- ユーザの代理

上記の定義を下記に述べる．

(1) 実行可能状態または実行状態にあるプログラム

正確には，キャラクタユーザインタフェース（Character User Interface, CUI）またはコマンドラインインタフェース（Command Line Interface, CLI）において，実行形式のプログラムに対して run コマンドを入力した瞬間に，そのプログラムがプロセスとなる．ユーザから見れば，実行可能状態または実行状態にあるプログラムを単にプロセスと言う名前に呼び変えたにすぎないように見える．ほとんどの教科書では，プロセスをこの定義で教えており，本書もこの定義に従う．

(2) 仮想プロセッサ

実行形式プログラムを実行するために OS がユーザ空間に提供する器のことである．図4.1 に示すように，この器に実行形式のプログラムを乗せれば（マッピング），OS はプログラム実行，中断，再開，終了など一連の処理サービスを責任を持ってやることになる．この器はプロセッサを仮想化したものと考えることができるので，**仮想プロセッサ**（VP）と呼ばれる．例えば，（物理）プロセッサが 1 つの場合でも VP が 3 つあれば，OS が提供する多重プログラミング機構によりユーザからはプロセッサが 3 つあるように見えるので，このように呼ばれる．上記 (1) と VP との関係は，VP に実行形式プログラムを乗

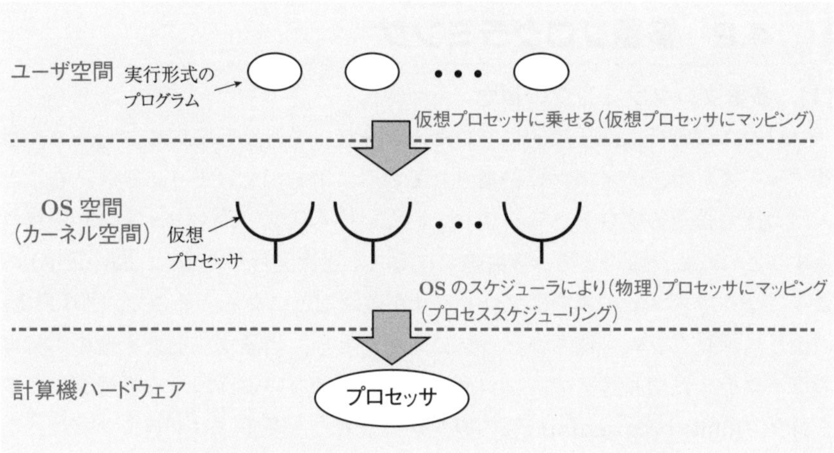

図4.1　仮想プロセッサ（プロセッサが 1 台の場合）

せたものが，(1) の定義となる．

(3) ユーザの代理

ユーザは，計算機上で何がしかの操作，作業を行うことになる．このユーザの操作，作業を OS はユーザの代理と見なす考え方である．この定義は，あまりにも抽象的すぎて分かりにくい．

4.2　多重プログラミング

(1)　多重プログラミングの概念

プロセスの実行は，一般的にプロセッサを使って計算しているフェーズ（計算フェーズ）と，ディスクに格納されているファイルをメモリに読み込むなど入出力待ちのためプロセッサを使っていない待ち状態（待ちフェーズ）を繰り返すことになる．このとき，複数のプロセスを逐次実行した場合，図4.2(a) のようになり待ちフェーズではプロセッサが遊ぶことになる．そこで，図4.2(b) のようにプログラムが待ちフェーズに入ったとき，当該プロセスを他の実行可能なプロセスに切り替えて，プロセッサを遊ばせないようにする**多重プログラミング**（multi-programming）の概念が生まれた．多重プログラミングは，このような待ちフェーズでのプロセッサの有効活用のためだけではなく，後述するプロセススケジューリングにおけるラウンドロビンスケジューリングのような場合にも活用できる機構である．また，多重プログラミングを実現するためには，複数のプロセス（の全体または一部）がメモリに格納されていないといけない．このことは，後述する 5 章のメモリ管理で述べる．

(2)　プロセスの切替え（コンテキストスイッチング）

多重プログラミングを実現するためにはどのような処理，仕組みが必要であ

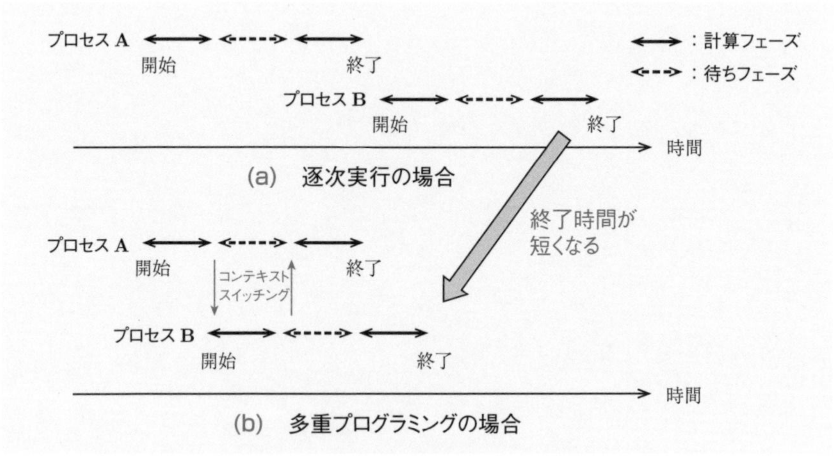

図4.2　多重プログラミングの概念

ろうか？ この仕組みを考えるとき，下記の日常生活を想像すると分かりやすい．

- ある人（A さん）がある仕事（仕事 Y）をやっている．このとき，机の上にメモ用紙を用意して，いまどこまで仕事をやったとか，仕事の途中経過またはデータなどを記入している．
- A さんは仕事 Y をやっている最中に，別の仕事（仕事 Z）をやらないといけなくなった．そこで，机の上に仕事 Z 用の新しいメモ用紙を用意してやらないといけないが，中断した仕事 Y を後で再開する必要があり，そのためにはまず机にある仕事 Y 用のメモ用紙をどこかに片付けておく（保存しておく）必要がある．仕事 Y 用のメモ用紙を保存した後，仕事 Z 用のメモ用紙を机の上に用意して仕事 Z を行う．
- 仕事 Z をやっている最中に，何がしかの理由で前の仕事 Y を再開しないといけなくなった．このときやることは，上記と同じで，まず後で再開するために机の上にある仕事 Z 用のメモ用紙を保存し，以前保存しておいた仕事 Y 用のメモ用紙を机に持ち出して仕事 Y を再開する．

上記は，計算機の世界では，A さんがプロセッサ，仕事がプロセス，机がレジスタ，メモ用紙がレジスタの内容（コンテキスト）となる．上記の例で分かるように，プロセスを切り替える場合，仕事の切替えすなわち**コンテキストスイッチング**（context switching）が必要となる．多重プログラミングを実現する仕掛けは，コンテキストスイッチングの処理が主要となり，OS が行うことになる．OS はコンテキストを OS 内部（具体的には後述するプロセス制御ブロック（PCB, Process Control Block））に保存し，次に実行するプロセスのコンテキストを対応する PCB から取り出し復元することになる．復元とは，当該プロセスのコンテキストであるプログラムカウンタ，レジスタの内容を実際にプログラムカウンタのレジスタ，その他のレジスタにロードすることである．その様子を図4.3に示す．本操作は，レジスタへの操作を伴うため通常の C 言語などの高級言語はレジスタ操作ができないので，アセンブリ言語で書かれることになる．

(3) コンテキストとは？

上述したプロセスのコンテキストについてもう少し詳しく述べる．**コンテキストとは**，中断したプロセスを中断時点から再開させるために必要な情報のことであるが，これには下記の 2 種類がある．

1) **狭義のコンテキスト**：プロセス再開のために最低限必要な情報のことで

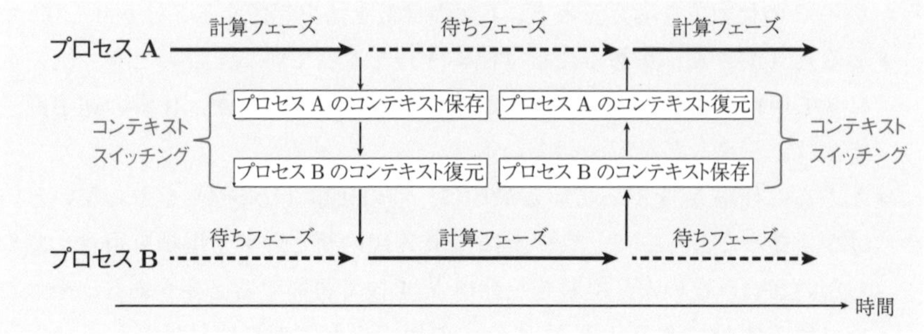

図4.3　コンテキストの切替え（コンテキストスイッチング）

あり，プログラムカウンタ（PC），レジスタの内容，スタックに関する情報が含まれる．この狭義のコンテキストが後述する現在のスレッドと呼ばれるものになる．

2)　**広義のコンテキスト**：狭義のコンテキストに加えて，その他に必要な情報を含んだ情報のことである．その他に必要な情報として，使用しているメモリ空間，ファイル，周辺装置などがある．

(4)　プロセスの状態

プロセスは生成から終了まで，いくつかの状態を遷移する．この状態として，図4.4 に示すように，大きく分けて下記の 3 つの状態がある．

1)　**実行可能状態**：プロセスは後述するプロセススケジューリングによりプロセッサを割り当てられさえすれば，実行できる状態のことである．プロ

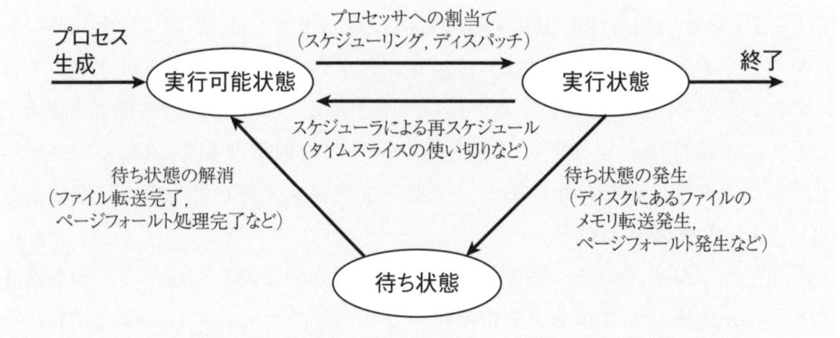

図4.4　プロセスの状態（実行可能状態，実行状態，待ち状態）

セスが生成された後，まず最初にとる状態である．

2)　**実行状態**：実行可能状態のプロセスへ実際にプロセッサが割り当てられて実行されている状態のことである．

3)　**待ち状態**：実行状態のプロセスが，何がしかの原因である事象の完了を待たなければ実行できず，その事象の完了を待つために待ちに入る状態のことである．このとき，プロセッサを他の実行可能状態のプロセスに明け渡すことになる．

3) で述べたある事象とは，多様な事象があり，代表的な例として，ディスクにあるファイルをメモリに転送する，あるいは後述する 6 章の仮想メモリのページングにおいてページフォールトが生じ，当該論理ページをディスクからメモリに転送する事象がある．ディスクアクセスは遅いため，ファイル，論理ページのメモリへの転送は時間がかかるので，メモリへの転送が完了するまで当該プロセスは待ち状態に入る（完了通知は 2 章で述べた割込みによって通知される）．完了通知がきたら，当該プロセスは待ち状態から実行可能状態へと遷移する．なお，待ち状態の詳細／種類をどうするかは，OS によって異なる．例えば，待ち状態の種類として，入出力関係の待ち，プロセス同士で同期関係の待ちがある．入出力関係の待ちとしてさらに細分化され，例えば，ディスク，ネットワーク，その他の周辺装置がある．

(5)　実行可能待ち列（レディキュー）

OS は図4.5 に示すように実行可能状態のプロセスを待ち列（キュー, queue）の構造で管理する．この待ち列を**レディキュー**（ready queue）と呼ぶ．OS によっては**ランキュー**（run queue）と呼ぶこともある．OS はこのレディキューに繋がれているプロセスの中から，後述するプロセススケジューリングにより 1 つ選択して実行することになる．図ではレディキューは単純に 1 本のキュー

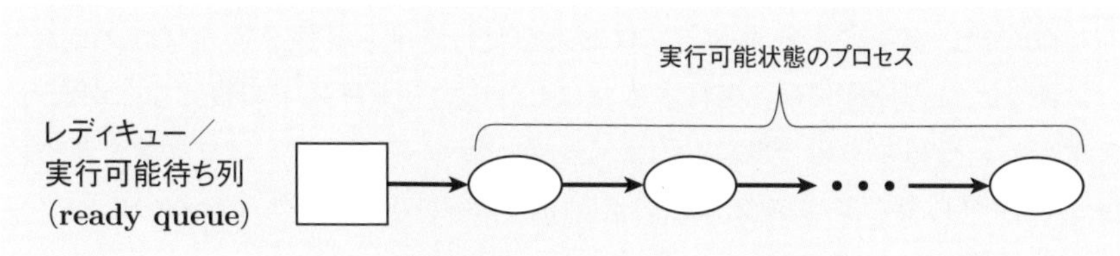

図4.5　実効可能待ち行列（レディキュー）

としているが，後述するプロセススケジューリングの中でどのアルゴリズムを採用するかにより，複数のキューになることもある．

(6)　プロセス制御ブロック（PCB，Process Control Block）

プロセスの多様な状態を管理するため，OSが管理しているデータ表／構造体のことである．PCBはプロセスごとにある．PCBに格納される情報としては，表4.1に示すように，基本的情報（プロセスIDなど）の他に，前述した狭義／広義のコンテキストの情報が含まれるが，詳細はOSによって異なる．

表4.1　プロセス制御ブロック（PCB）内の情報

項目	内容
リンク情報	次のPCBへのポインタ
プロセスID	名前ではなく番号付けされる．
プロセスの状態	実行可能状態，実行状態，待ち状態をの3種類に状態を記憶する．
コンテキスト情報	中断時に再開できるための必要な情報（プログラムカウンタ，レジスタの内容，スタック情報など）
メモリ割当て情報	コード，データ，スタックなどメモリに割り当てられた情報
その他の情報	使用中のI/O，プロセスの親子関係，同期待ちなど，多様な情報がある．この情報はOSに依存する．

(7)　OSの構造

複数の実行可能状態プロセスの中から1つ選択（後述するプロセススケジューリング）するとき，OSは下記の2つのプログラムから構成される．

- **スケジューラ**：プロセッサを割り当てて実行すべきプロセスを選択するプログラムである．実際は，後述するプロセススケジューリングアルゴリズムが実装される．
- **ディスパッチャ**：上記のスケジューラにより実行すべきプロセスが選択された後，実際に実行すべきプロセスを実行させる操作を行うプログラムである．この操作には，実行するプロセスのコンテキストの復元などがある．

スケジューラはプロセッサに依存しないが，ディスパッチャはコンテキストの復元操作が必要でレジスタ種類の詳細はプロセッサにより異なるので，プロセッサに依存したプログラムとなる．

4.3　プロセススケジューリング

4.3.1　序　　論

本書ではプロセッサの個数は1つと仮定している．従って，複数の実行可能状態プロセスを実行する場合，1つのプロセッサで複数のプロセスをどのような順序で実行するか，すなわち**プロセススケジューリング**を決める必要がある．また，スケジューリングアルゴリズムの良し悪しを判断する，すなわち**評価尺度**を決める必要がある．

(1)　評価尺度の種類

評価尺度として下記がある．

1)　**プロセッサ使用率**：プロセッサが稼働している時間的割合のことである．例えば，時間100の中でプロセッサが80稼働している場合，プロセッサ使用率は80％である．プロセッサ使用率が高いからと言って実効のある処理をやっているとは限らない．無駄な処理をやっているかもしれない．

2)　**待ち時間**：実行可能状態に入ったプロセス，すなわちレディキューに繋がれたプロセスが実際に実行されるまでの時間（レディキューに繋がれた時間からプロセッサに割り当てられるまでの時間），すなわちレディキューで待たされる時間のことである．この待ち時間が短いほどよいと言う考え方である．しかし，待ち時間がプロセスの有効実行を直接表現するものではない．

3)　**ターンアラウンド時間**：プロセスが実行可能状態に入った時点，すなわちレディキューに繋がれた時点（本章ではこの時点を以降，到着時点と呼ぶ）から実行完了までに要した時間である．

上記のうち，ターンアラウンド時間がプロセスの有効実行を示しているので，本書ではこれを用いる．

(2)　評価尺度の値

評価尺度の値について，最小値，最大値，平均値が考えられる．平均値が妥当と考えられるので，本書では平均値を扱う．

4.3.2 プロセススケジューリング

(1) スケジューリングの分類

下記の 2 つの範疇がある．

1) **横取りのないアルゴリズム**（**non-preemptive**）：プロセスが一旦実行されると完了まで当該プロセスを継続して実行するアルゴリズムである．

2) **横取りのあるアルゴリズム**（**preemptive**）：プロセスの実行途中に何かの事象でそのプロセスを中断させ，プロセッサを明け渡し他の実行可能状態のプロセスを実行させるアルゴリズムである．

(2) 横取りのないアルゴリズム

下記がある．

1) **到着順サービス**（**FCFS, First-Come First-Served**）：実行可能状態に入った（プロセスの到着）プロセスの順番に実行する方式である．その例を図4.6 に示す．時間軸上で各プロセスの実行の様子を図式化したものをガント図（Gantt chart）と呼ぶ．図にはガント図，各プロセスのターンアラウンド時間，平均ターンアラウンド時間を示す．FCFS は，到着順と言うある意味でサービスの公平さがある．しかしながら，到着の順番によって，ターンアラウンド時間の平均値が大きく変わることになる．このことは，日常生活において「みどりの窓口」で 1 列に並んでサービスを受けることを考えると分かりやすい．A さんの後ろに B さんが並んでいる．A さんはサービス時間がかかる複雑なサービスを受けようとしており，B

プロセス名	実行時間
プロセス A	5
プロセス B	15
プロセス C	10

時刻 0 でほとんど同時に A，B，C の順番で到着した場合

ターンアラウンド時間
- プロセス A：5 − 0 = 5
- プロセス B：20 − 0 = 20
- プロセス C：30 − 0 = 30

平均ターンアラウンド時間 =(5+20+30)/3=55/3=18.3

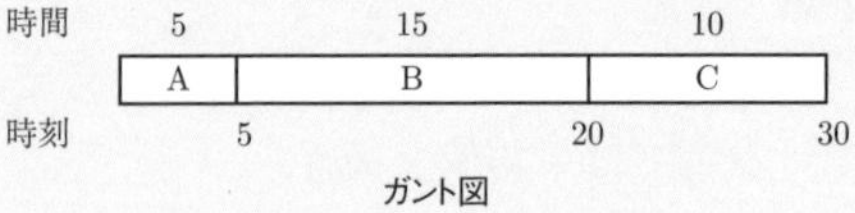

図4.6　先着順サービス（**FCFS**）

さんは簡単なサービスを受けようとしている．このとき，前の A さんのサービス時間が長いので結果的に B さんは待ち時間が長くなり，不機嫌になるかもしれない．**図4.6** の例において，時刻 0 で今度はプロセス B，C，A の順番で到着した場合，各プロセスのターンアラウンド時間，平均ターンアラウンド時間を算出し，図と比較してみよう（演習問題）．

2)　**最短処理時間優先方式（shortest processing time first scheduling）**：実行時間の短いプロセスから実行する方式である．その例を**図4.7** に示す．本方式は，横取りのないアルゴリズムの中で理論的に最小の待ち時間を与えることが知られている．しかしながら，実行時間は実行して初めて分かるもので，この方法は将来の情報を必要とするので現実的には実現できない．本方式は，他のアルゴリズムと比較するために用いられることが多い．

プロセス名	実行時間
プロセス A	5
プロセス B	15
プロセス C	10

時刻 0 でほとんど同時に到着した場合

ターンアラウンド時間

- プロセス A：5 − 0 = 5
- プロセス B：30 − 0 = 30
- プロセス C：15 − 0 = 15

平均ターンアラウンド時間 ＝(5+30+15)/3=50/3=16.7

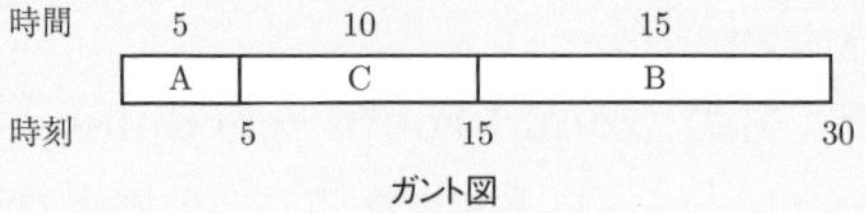

図4.7　最短処理時間優先方式

3)　**優先度方式（priority scheduling）**：各プロセスに優先度を付けて，優先度の高いプロセスから実行する方式である．その例を**図4.8** に示す．優先度の付け方は他の方法で決める．例えば，課金する場合は単位時間当たりの課金料金の高いプロセスに高い優先度を与えるとか，あるいは低い優先度になってなかなか実行されないプロセスに高い優先度を動的に与えるなどの方法がある．動的に優先度を変える方法は，UNIX 系 OS などで採用されている．

プロセス名	実行時間
プロセスA	5
プロセスB	15
プロセスC	10

時刻0でほとんど同時に到着し，
C，A，Bの順で優先度が高い場合

ターンアラウンド時間
- プロセスA：15 − 0 = 15
- プロセスB：30 − 0 = 30
- プロセスC：10 − 0 = 10

平均ターンアラウンド時間 =(15+30+10)/3=55/3=18.3

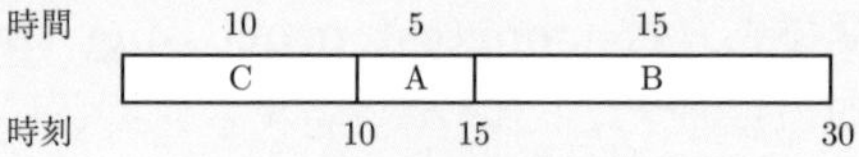

ガント図

図4.8　優先度方式

(3)　横取りのあるアルゴリズム

下記がある．

1)　**最小残り時間優先方式（shortest remaining time first scheduling）**：プロセスの到着時点ごとに各々のプロセスの残りの実行時間を調べ，残りの実行時間の最も短いプロセスから実行させる方式である．その例を図4.9に示す．図ではなぜそのようなガント図になっているか考えてみよう．本方式は，最短処理時間優先方式と同様に将来の情報を必要とするので実現できない．

2)　**ラウンドロビン方式（round-robin scheduling，巡回方式）**：プロセスを実行する場合，当該プロセスにある一定の固定の時間（**タイムスライス**，time-sliceと呼ぶ）を割り当てて実行し，そのタイムスライス内に実行が終わらなければ，後に回す方法（レディキューの最後尾に繋ぐ）である．その例を図4.10に示す．本方式は，全てのプロセスを平等に扱うと言う意味で公平性がある．

その他に，多重レベル待ち列（multi-queue scheduling），多重レベルフィードバック列（multi-level feedback queue）などがある．

プロセス名	実行時間	到着時刻
プロセスA	15	0
プロセスB	10	2.5
プロセスC	5	5

ターンアラウンド時間
- プロセスA：$30-0=30$
- プロセスB：$17.5-2.5=15$
- プロセスC：$10-5=5$

平均ターンアラウンド時間 =(30+15+5)/3=50/3=16.7

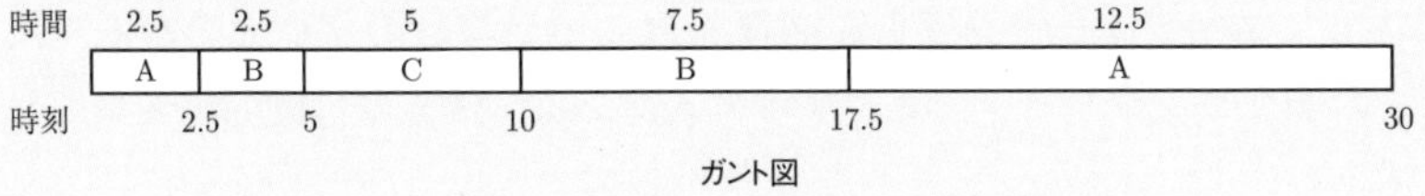

図4.9　最小残り時間優先方式

時刻0でほとんど同時に到着したが，
A，B，Cの順であった
タイムスライス =2.5

プロセス名	実行時間
プロセスA	15
プロセスB	10
プロセスC	5

ターンアラウンド時間
- プロセスA：$30-0=30$
- プロセスB：$25-0=25$
- プロセスC：$15-0=15$

平均ターンアラウンド時間 =(30+25+15)/3=70/3=23.3

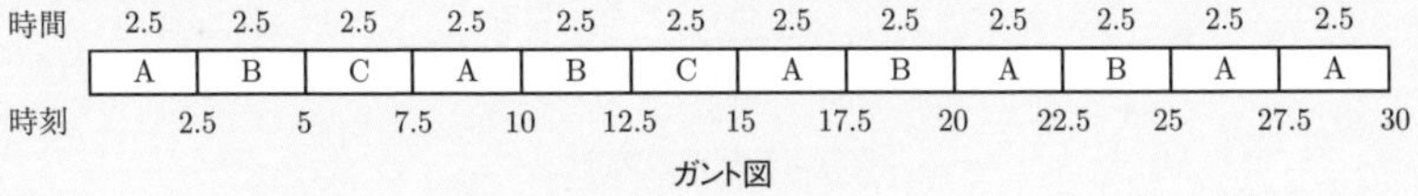

図4.10　ラウンドロビン方式

(4)　デッドラインを考慮したスケジューリング

上記ではプロセスが起動されてから，すなわち到着してから実行完了までの時間に特に制限を設けていなかった．しかしながらクルマ，ロボットなどのリアルタイムシステムでは，その時間に制限があることが多い．すなわち，デッドラインがある．このように，デッドラインを考慮したスケジューリングを**リアルタイムスケジューリング**（real-time scheduling）と呼び，古くから研究されてきた．リアルタイムスケジューリングは，優先度方式である．優先度の付け方によっていくつかの方式がある．代表的なスケジューリングに，優先度固定スケジューリングの範疇に入るレートモノトニックスケジューリング（rate monotonic scheduling），動的優先度のスケジューリングの範疇に入るEDF

スケジューリング（Earliest Deadline First scheduling）が有名である．詳細は本書の範疇を越えるのでこれ以上述べない．

(5) 現代のスケジューリング方式

現代のスケジューリング方式は，**図4.11** に示すように多くの OS では優先度方式とラウンドロビン方式を併用している．まず複数のプロセスをその優先度に従ってスケジューリングし，各優先度の中で複数のプロセスがあった場合，それをラウンドロビンで実行する方式である．優先度は動的に変更されることもある．

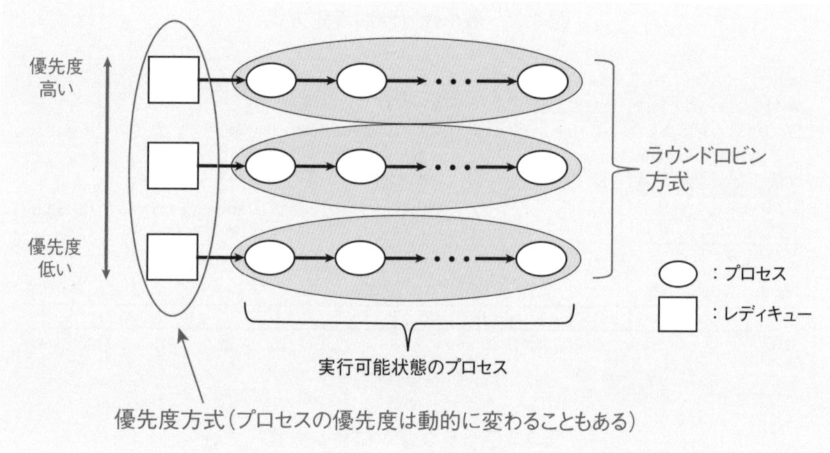

図4.11　現代のスケジューリング方式：単一プロセッサの場合（優先度方式とラウンドロビンの併用）

4.4　スレッドとは？

(1)　スレッドの誕生

1980年代に複数のプロセッサからなるマルチプロセッサシステムが登場して商用化され，1つのプログラムを複数のプログラム片に分割し，複数のプロセッサで各プログラム片を実行する並列処理が盛んになった．このとき，UNIX系OSでは，提供するプロセスは1つの仮想アドレス空間（6章の仮想メモリで述べる）に1つの狭義のコンテキスト（プログラムカウンタ，レジスタの内容，スタック）しかないため，複数のプロセッサで実行する場合，複数の狭義のコンテキストを作りたいために，複数のプロセスを作成する必要があった．これは，仮想アドレス空間の生成を伴うためオーバヘッドが大きくなり問題となった．そもそも1つのプログラムを分割して並列実行したいので，プログラムの仮想アドレス空間は1つのみでよく，狭義のコンテキストを複数生成すれば，オーバヘッドも少なく効率がよいことになる．そこで，狭義のコンテキストを独立させた，**スレッド**（thread）と言う概念，仕組みが登場した．スレッドを**軽量プロセス**（light weight process）と呼ぶことがある．これに対して，従来の1つの仮想アドレス空間と1つの狭義のコンテキストからなる従来のプロセスは**重量プロセス**（heavy weight process）と呼ぶことがある．

スレッドはマルチプロセッサシステムでの並列処理を契機として誕生した概念であるが，単一プロセッサでも有効に働く．例えば下記の例がある．

- あるサーバプロセスがある（例えば，WEBサーバ）．このサーバプロセスは複数の多くのクライアントプロセスから依頼がある．この依頼を，クライアントごとに1つの重量プロセスを生成して対応すると，仮想アドレス空間の生成などオーバヘッドが大きくなり，処理が遅くなる．そこで1つのサーバプロセスの中で複数のスレッドを立ち上げて，クライアントの依頼に対応できるようにすれば効率的となる．

(2)　スレッドモデルの種類と実現方法

スレッドをユーザ空間，カーネル空間のどちらで実現／管理するかと言うスレッドモデルの実現方法を述べる．下記のモデルがある．

1)　**カーネルレベルスレッドモデル**：スレッドをOS（カーネル）で管理，実現するモデルである．上記の従来のOSが提供する重量プロセスの反省から，本モデルは自然な拡張である．

2) **ユーザレベルスレッドモデル**：カーネルレベルスレッドモデルは，スレッド操作がOSへのシステムコールになり，システムコールは空間の切替えなどのオーバヘッドを伴うので，必ずしも高速実行できないことが分かってきた．そこで，スレッドをユーザ空間のライブラリとして実現するモデルである．スレッドへの操作は関数呼出し程度の軽さになるので，高速実行が可能である．本モデルは，OSの変更を必要としないので，比較的実現が容易である．

3) **協調型ユーザレベルスレッドモデル**：ユーザレベルスレッドモデルは，必ずしも効率的な実行ができないことが分かってきた．と言うのは，ユーザレベルスレッドをOSが提供する仮想プロセッサにマッピングして実行しているとき，このユーザレベルスレッドがページフォールトなどの理由により待ち状態に入る場合，仮想プロセッサ自体が待ち状態に入るためである．この場合，スレッドの実行状況（この場合待ち状態に入ること）をOSがユーザ空間に知らせてやれば，新たな仮想プロセッサを生成し，他のユーザスレッドをマッピングするなどして効率的な実行が可能となる．このような仕組みを協調型ユーザレベルスレッドモデルと本書では呼ぶ．なお，本モデルは，提案された論文のタイトルにちなんで，**スケジューラアクティベーション**（ユーザ空間のスケジューラを起動させると言う意味で名付けられたと考えられる）と呼ばれることもある．従来OSは周りから言われたこと（システムコール，割出し，周辺装置からの割込みなど）をやるのみで，OS自らOS内部情報を積極的にユーザ空間に通知していなかった．すなわち，情報の通知（流れ）は周りからOSへの一方通行であった．この協調型モデルはOSの内部状況（この場合は仮想プロセッサの中断）をユーザ空間に積極的に通知するものである．すなわち，情報の流れがユーザ空間からOSへ，OSからユーザ空間へと，両方向となるものであり，OSの考え方に新たな方向性を導入したものである．しかしながら，本モデルはOSの大幅な変更が必要であり，実現に多くの労力を有する．

4 章 の 問 題

□**4.1**　プロセッサの割当てをあるプロセスから別のプロセスに切り替える（コンテキストスイッチング）とき，OS は通常どのようなことをしなければならないか，述べよ．

□**4.2**　1 つのプロセッサで実行する次のプロセスがあるとする．

プロセス	実行時間	優先度
A	10	2
B	1	3
C	2	1
D	3	0

これらのプロセスは時刻 0 でほとんど同時にプロセス 1，2，3，4 の順に到着するとする．このとき，プロセススケジューリングアルゴリズムとして次を考える．

1)　先着順サービス
2)　最短処理時間優先方式
3)　優先度方式
4)　ラウンドロビン方式

優先度は数字の小さい方が優先度が高いとする．すなわち，優先度番号 0 が一番高い．また，ラウンドロビン方式ではタイムスライス（time-slice）が 2 とする．上記 4 つのプロセススケジューリングアルゴリズムに対して，次の問題に答えよ．

(a)　プロセスの実行の様子を示すガント図を書け．
(b)　各プロセスのターンアラウンド時間を求めよ．
(c)　平均ターンアラウンド時間を求めよ．

□**4.3**　1 つのプロセッサで実行する次のプロセスがあるとする．

プロセス	到着時刻	実行時間
A	0	7
B	1	4
C	2	9
D	3	5

プロセススケジューリングアルゴリズムとして次を考える.

1) 最短処理時間優先方式
2) 最小残り時間優先方式

上記2つのプロセススケジューリングアルゴリズムに対して，それぞれ次の問題に答えよ.

(a) プロセスの実行の様子を示すガント図を書け.
(b) 各プロセスのターンアラウンド時間を求めよ.
(c) 平均ターンアラウンド時間を求めよ.

□**4.4** 図4.6の例において，時刻0でプロセスB，C，Aの順番で到着した場合，各プロセスのガント図を示すとともにターンアラウンド時間，平均ターンアラウンド時間を算出せよ．また，図の例と比較せよ.

□**4.5** スレッドとは何か，述べよ．また，スレッドが提案された背景を述べよ．さらに，スレッドモデルとしてどのようなモデルがあるか，述べよ．また各々のスレッドモデルについて利点，欠点を考察せよ.

第5章

メモリ管理

計算機にプログラムを格納する場所がメモリ（主記憶）である．昔は計算機は高価であったので，プロセッサ，メモリなどを如何に遊ばせずに効率よく活用するか，すなわちハードウェア資源の効率利用に OS 機能の主眼が置かれていた．このことはメモリにも当てはまる．メモリを管理する OS 機能がメモリ管理である．本章では，歴史を辿ってどのようにメモリを管理してきたか，その変遷を述べる．また最後の方で，現在のメモリ管理である仮想メモリに繋がる話（プログラムの分割割当て）を述べる．

5.1 初期〜中期のメモリ管理

メモリ管理について，初期から中期までの管理方法を述べる．

5.1.1 初期のメモリ管理

(1) 計算機が登場したころ

計算機が登場したころは，メモリには何も乗っていなく，ユーザがメモリ全体を使っていた．すなわち，裸の計算機であった．これは，ユーザが自由にメモリを使えると言う利点がある半面，ユーザはプログラム実行に関する全てのことをやらないといけなかった．この大きなこととして，入出力装置（昔は磁気テープ，プリンタなど）を制御するプログラム（今で言う**デバイスドライバ**）も自分で書かなければならなかった．例えば，プリンタに印刷したい場合，その制御プログラム（プリンタドライバ）などもユーザ自身が自分で書き，メモリに格納しなければならなかった．また，割込み関係のプログラムも自分で書き，実装しなければならなかった．従って，ユーザに多大な労力を強いていた．

(2) モニタの誕生とメモリ管理

デバイスドライバ，割込み処理プログラムなどは，考えてみると個々のユーザが書く必要はなく，ユーザ全体で共有した方がユーザ自身の負担が減り効率的である．そこで，これらのプログラムを予めメモリに格納しておけばよいと言う発想になり，メモリに予め常駐させるプログラムとなった．この初期の常駐プログラムは**モニタ**と呼ばれ，ここにOSの原型が生まれた．なお，モニタと言う言葉は，情報工学／情報科学の中でも分野によって多様な意味で使われるので注意を要する．例えば，後述する同期機構の仕組みとしてモニタと言う言葉がある．

モニタプログラムがメモリ内に常駐されるようになると，メモリはモニタプログラムの領域を除いた残りのメモリ領域をユーザ領域としてユーザが使用できるようになった．ユーザ領域の活用方法として，まずは1つのユーザプログラムを格納することになった．このとき，下記の問題が生じることになった．

- ユーザプログラムの再配置の問題
- モニタプログラムをユーザプログラムから保護しないといけない問題

上記の問題を下記に述べる．

1) **再配置の問題**：ユーザプログラムは，最終的に計算機が理解できる言葉であるマシン命令に変換された実行形式プログラムとなってメモリに格納される．このとき，下記の問題が生じることが分かった．

- 実行形式のユーザプログラム A を実行することを考える．このとき，プログラム A はメモリ内アドレスの 1000 番地（ベースアドレス）から格納されることを前提にした実行形式のプログラムになっている．プログラム A 内の変数 a は，メモリアドレスの 1700 番地に割り当てられた．従って，変数 a へのアクセスは，マシン命令ではメモリアドレス 1700 番地へのアクセスとなっている．このとき，変数 a は先頭アドレス（ベースアドレスの 1000 番地）から 700（オフセットアドレス）の箇所である．このメモリアドレスへのロード（ベースアドレス 1000 番地からロード）によりプログラム A を実行した．
- この後，再度プログラム A を実行することになり，メモリにロードする．このとき，プログラム A の格納する先頭のメモリアドレスが最初とは異なり，たまたまアドレス 2000 番地からロードした．変数 a にアクセスする場合，実行形式のプログラム A では変数 a へのアクセスはメモリアドレス 1700 番地へのアクセスとなっている．しかし，変数 a の実際のメモリアドレスは，プログラム A の先頭アドレス（ベースアドレス）$2000 + 700$（オフセットアドレス）となり，2700 番地である．このまま，変数 a にアクセスすると 1700 番地にアクセスすることになり，変数 a が実際に格納されている 2700 番地へのアクセスとはならず，異なったアドレスへのアクセスとなる．

上記のように，実行形式プログラムをメモリに再ロード（再配置）するときの問題を**プログラムの再配置問題**と呼ぶ．再配置問題を解決するためには下記を行えばよい．

- 実行形式プログラム内のアドレスを当該プログラムの先頭アドレス（ベースアドレス）をゼロとして，各命令／変数のメモリ内アドレスをプログラムの先頭アドレスからのオフセットアドレスにする．上記の例だと変数 a へのアクセスは番地 700 へのアクセスとする．コンパイラがこのアドレス付け（ベースアドレスからのオフセットアドレス）を行う．

- プロセッサが出すアドレスをオフセットアドレスにし，実際アクセスするメモリアドレスをベースアドレス＋オフセットアドレスにする．上記の例では，変数 a へのアクセスは，1000 または 2000（ベースアドレス）＋ 700（オフセットアドレス）＝ 1700 または 2700 となる．

上記のアドレス変換をソフトウェアで行うと重くなるので，ハードウェアで行う．

2)　**保護の問題**：ユーザプログラムの不具合などによりモニタの内容を書き換え，モニタを破壊する問題，すなわちユーザプログラムからモニタを保護しないといけない問題が生じてきた．保護するためには**図5.1** に示すように下記のようにすればよい．

- モニタプログラムがメモリアドレスのゼロから乗っているとして，モニタがどのアドレスまで乗っているかの目印（このアドレスを境界アドレスと呼んでおく）を記憶しておく．
- ユーザプログラムがアクセスするメモリアドレスをモニタの境界アドレスと比較し，モニタの領域内のアドレスにアクセスするようであれば許可せず，割出しを行う．そうでなければ，正常なアクセスなのでアクセスさせる．

上記のように，ユーザプログラムを実行するときプロセッサが発行するメモリアドレスをその都度境界アドレスと比較することになるが，この比較はソフトウェアで行うと重いので，境界アドレスを格納するレジスタ（境界レジスタ）を設けてハードウェアで行うことになる．

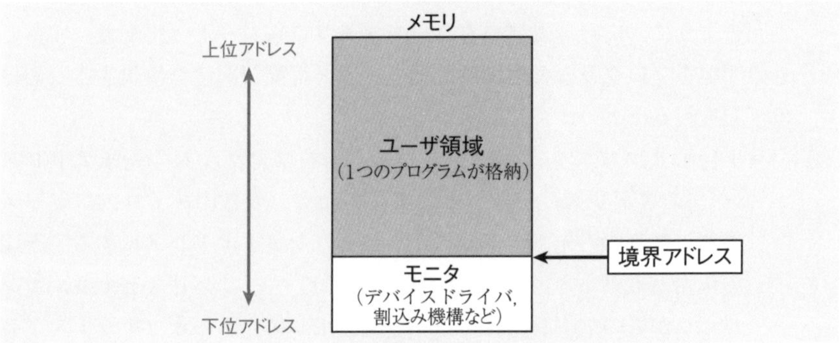

図5.1　初期のメモリ管理と保護

(3) 単一割当ての欠点

ユーザ領域には1つのプログラムしか格納できなかったため，複数のユーザプログラムを実行したい場合，その都度メモリ内にあるユーザプログラムを二次記憶（ディスク）に追い出し，実行したい次のプログラムをディスクからメモリに転送しないといけなかった．例えば，メモリにあるプログラムAの実行の後，プログラムBを実行したい場合，メモリ内のプログラムAをディスクに追い出し，その後プログラムBをディスクからメモリに転送する．このようにプログラム全体を交換することを**スワッピング**（swapping）と言う．メモリ内のユーザプログラム全体をディスクに追い出す（転送する）ことを**スワップアウト**（swap-out），ディスク内のユーザプログラム全体をメモリに転送することを**スワップイン**（swap-in）と言う．なお，類似の単語として，後述する6章の仮想メモリで述べる**ページアウト**（page-out），**ページイン**（page-in）がある．違いはスワッピング（スワップイン／アウト）はプログラム全体の話であり，ページイン／アウトはプログラム内の論理ページに関する話である．ただし，この方法ではディスクとメモリとの間の転送は時間がかかるので高速な実行ができない，さらには多重プログラミングが高速に実行できないと言う問題が生じてきた．そこで，次に述べるメモリ管理方法になってきた．

5.1.2 中期のメモリ管理と複数プログラムの同時格納

ユーザ領域には1つのユーザプログラムしか格納できないと言う前述の問題を解決するためには，メモリに同時に複数のプログラムを格納すればよいと考えるのは自然な発想である．そこで，複数プログラムのメモリへの同時格納方式が誕生した．まず，静的メモリ割当て，次に静的メモリ割当ての欠点を解決するために動的メモリ割当てが考案された．

(1) 静的メモリ割当て方式

図5.2に示すように，メモリ内のユーザ領域を予め複数の領域（パーティション，区画と呼ぶこともある）に分割し，各々の領域に1つのプログラムを格納する方式である．本方式は，IBM OS/360では**MFT**（Multiprogramming with a Fixed number of Tasks）と呼ばれた．領域の数と各領域の大きさはプログラム実行に必要なプログラム数とそのプログラムサイズ，および実行に必要なシステムソフトウェアのサイズを考慮しなければならない．例えばコン

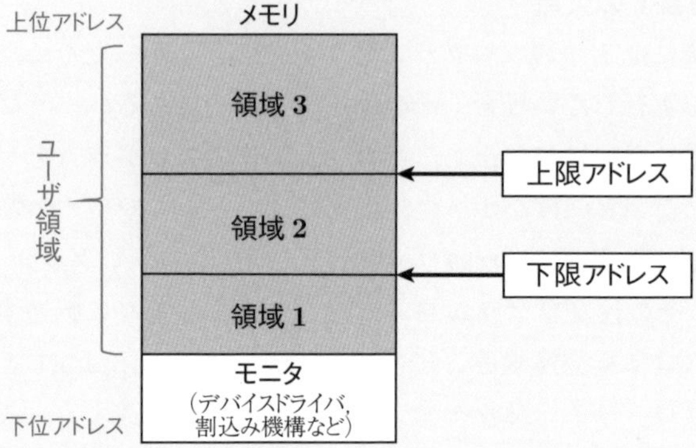

図5.2　静的メモリ割当て：領域を 3 つに分割した場合

パイラプログラムが格納できる領域サイズは確保しなければならない．このとき，前述のモニタからユーザプログラムを保護する機構に加えて，さらに，ユーザプログラム同士をお互いに保護しないといけなくなった．保護する方法はいくつか考えられるが，図5.2 に示すように，領域 2 内のプログラムを実行する場合，領域 2 の上下のメモリアドレス（上限／下限アドレス）を覚えておき，領域 2 内のプログラムがアクセスするアドレスがこれらの上限／下限アドレスを越えていないかハードウェアによりチェックする方法がある．実際は，上限アドレス，下限アドレスを格納するレジスタ（各々**上限レジスタ**，**下限レジスタ**）とプログラムが発行するアドレスとを比較することになる．

本方式は同時に格納できるプログラム数が領域数であると言う欠点がある．すなわち，例えば領域数が 3 つであれば同時には 3 つのプログラムしかメモリに格納できないことになる．そこで，下記の動的割当て方式が考案された．

(2)　動的メモリ割当て方式

上記の静的メモリ割当て方式では，同時に格納できるプログラム数が領域の数と言う制限があった．この制限を外したのが動的メモリ割当て方式である．メモリ内を領域に区切らないで，空いているメモリ領域にプログラムを格納する方式である．このとき，プログラムは 1 つの塊として連続的に格納されると言う前提がある．図5.3 に例を示す．本方式は IBM OS/360 では **MVT** (Multiprogramming with a Variable number of Tasks) と呼ばれた．保護は，実行するプログラムの上下のアドレスをレジスタ（各々上限レジスタ，下限レジ

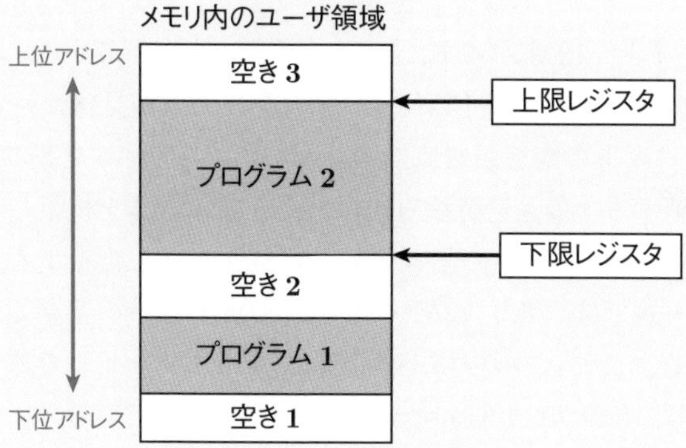

図5.3　動的メモリ割当て

スタ）に記憶しておき，この上限／下限レジスタの値と実行プログラムが発行するアドレスが，この上限／下限レジスタ以内に収まっていればアクセスを許可し，そうでなければ割出しにより OS に制御が移りエラー（アクセス違反）を出す．図5.3 では他のプログラムをプログラム 2 から保護する例を示している．

この動的メモリ割当て方式ではある新たなプログラム（プログラム 3 とする）をメモリに格納する場合，プログラム 3 を格納するだけの十分な空きが複数あった場合，どの空き領域にプログラム 3 を格納するかと言う選択をしなければならない．図5.3 の例で言うと，空き領域 1，空き領域 2，空き領域 3 が十分な空き領域とした場合，プログラム 3 を空き領域 1〜3 のどこに格納するかと言う問題である．この問題は 3 章ファイルシステムで述べたファイルの連続割当てと同じ問題である．選択アルゴリズムを再度述べる．

- **初適合方式（first fit）**：空き領域を検索していき，最初に見付かった十分な空き領域を選ぶ方法である．
- **最適適合方式（best fit）**：全ての空き領域を検索し，十分な複数の空き領域の中から，プログラムを格納した場合に，それによって生じた空き領域の大きさが最も小さくなる空き領域を選ぶ方法である．言い換えれば，十分な空き領域の中で大きさが最小となる空き領域を選ぶ方法である．
- **最悪適合方式（worst fit）**：上記とは逆に，生じた空き領域の大きさが最も大きくなる空き領域を選ぶ方法である．言い換えれば，十分な空き領域の中で大きさが最大となる空き領域を選ぶ方法である．

例えば，10Mバイトのプログラムを格納する場合，十分な空き領域として，大きさが15Mバイト，12Mバイト，50Mバイトの空き領域がこの順序で検索されるとする．初適合方式は，15Mバイトの空き領域が見付かった時点（12Mバイト，50Mバイトの空き領域は検索しない）で15Mバイトの空き領域にプログラムを格納する．最適適合法方式は，空き領域全体を検索しこの3つの空き領域の中から12Mバイトの空き領域にプログラムを格納する．最適適合方式，最悪適合方式では，各々12Mバイト，50Mバイトの空き領域にプログラム3を格納する．これらの方式に関しては，3章のファイルで述べたような利点，欠点があり，first fitかworst fitがよいと言われている．

なお，空き領域の管理をある基準（例えばサイズの大きい順または小さい順）で整列させ，検索時間を短縮する方法がある．しかしこの場合，プログラムを空き領域に格納した後に生じた空き領域を，ポインタの張替えなどによって，再度整列させる処理が必要となる．

上記の選択アルゴリズムは，メモリ内の空き領域の選択にとどまらず3章で述べたように下記へと一般化できる．

- ある領域があり，その中にあるオブジェクトを連続的に格納したい場合，複数の十分な空き領域があった場合，どの空き領域にオブジェクトを格納するか？と言う選択アルゴリズムとして一般化できる．前述したファイルシステムにおいてファイルをディスク内に連続的に割り当てる場合などがその例である．

動的割当て方式は，メモリ内に十分な連続的な空き領域がある限りはプログラムを格納できるが，3章で述べたような**外部断片化**を生じ，メモリを有効活用できない．

この欠点を解決する方法としてまず考えられるのは，分散している空き領域を1つの連続領域に集める**詰直し**（compaction）と言う方法である．この詰直しを行うためにはメモリ内のプログラムを移動させなければならず，そのプログラム移動に時間がかかると言う欠点がある．なお詰直しの方法にはプログラム移動サイズを小さくすることが重要であり，いくつかの手法がある．そこで，詰直しの欠点を解決するため，次に述べるプログラムの分割割当てが考えられた．

5.2　プログラムの分割割当て

5.2.1　基本的アイデア

動的割当ての欠点を解消する詰直しは，1つの連続空き領域を作るためプログラム移動に時間がかかることであった．この欠点を解決するため，3章のファイルシステムで述べたファイルをディスクへ格納する場合にファイルを論理ブロックに分割して格納する方法と類似の方法をとればよい．すなわち，プログラムをある単位で分割し，その分割単位でメモリに格納すればよいと言うことになる．

この分割方法として，下記の2つの方法がある．

- ページング（**paging**）：プログラムをある決められた一定の単位（**論理ページ**（logical page）と呼ぶ）に分割する方法である．前述のファイルシステムでは論理ブロックがこの論理ページに対応する．
- セグメンテーション（**segmentation**）：プログラムをある論理的な単位（**セグメント**（segment）と呼ぶ）に分割する方法である．

次項では，ページングとセグメンテーションについて詳述する．

5.2.2　ペ　ー　ジ　ン　グ

ページングではまず基本的発想である単一レベルページングを述べ，その後でページ表サイズが大きくなると言う単一レベルページングの欠点を改善した多段レベルページングについて述べる．

(1)　単一レベルページング

図5.4に示すように，プログラムを論理ページと呼ばれる固定長の大きさに分割し，論理ページごとにメモリに格納する方法である．格納されるメモリも論理ページと同じサイズの**ページ枠**（**ページフレーム**（page frame），あるいは**物理ページ**（physical page）とも呼ばれる）と呼ばれる区画に切って，その区画に論理ページを格納することになる．

1)　**アドレスについて**：アドレスには2種類存在することになる．1つは実行形式プログラム内のアドレスであり，このプログラムの先頭をゼロとしたアドレスである．このアドレスを**仮想アドレス**（virtual address）あるいは**論理アドレス**（logical address）と呼ぶ．仮想アドレス／論理アドレ

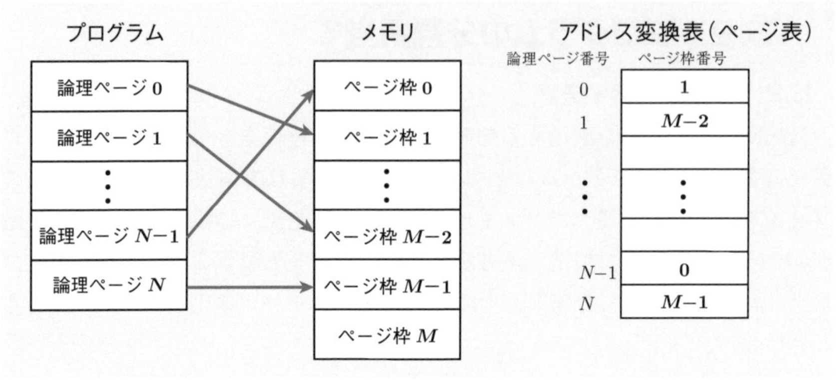

図5.4　ページング

スの番地付けはコンパイラが行う．もう 1 つはメモリに付けられたアドレスであり，このアドレスを**物理アドレス**（physical address）または**実アドレス**（real address）と呼ぶ．プロセッサが発行するアドレスは仮想アドレス／論理アドレスである．この仮想アドレスから物理アドレスへの変換が必要となるが，詳細は後述するアドレス変換で述べる．

2)　**ページ表について**：プログラムの各論理ページがメモリ内のどのページ枠に入っているかを示すマッピング表が必要になる．このマッピング表を**ページ表**（page table）と呼ぶ．ページ表はプログラムごとにあり，OS がメモリ内で管理する．ページ表内で必要な情報はどの論理ページがどのページ枠に入っているかの情報である．その様子を図5.4 に示す．図の例で言えば，論理ページ 0 がページ枠 1 に格納されているとかの情報である．

3)　**アドレス変換について**：プログラムを実行するときはプロセッサは仮想アドレスを発行する．この仮想アドレスからそのアドレスがメモリ内のどの物理アドレスかを**アドレス変換**しなくてはならない．アドレス変換は基本的に下記のことをすればよい．このとき，論理ページサイズ P は分かっているとする．従ってメモリ内のページ枠サイズも同じサイズ P である．

- 仮想アドレス（v）から論理ページ番号 p とページ内オフセット o（仮想アドレス v の命令が入っている論理ページ内でその先頭をゼロとしたときの相対アドレスである）を求める．具体的には，$v/P =$ 商 と 余り，とすると商が論理ページ番号 p，余りがオフセット o になる．

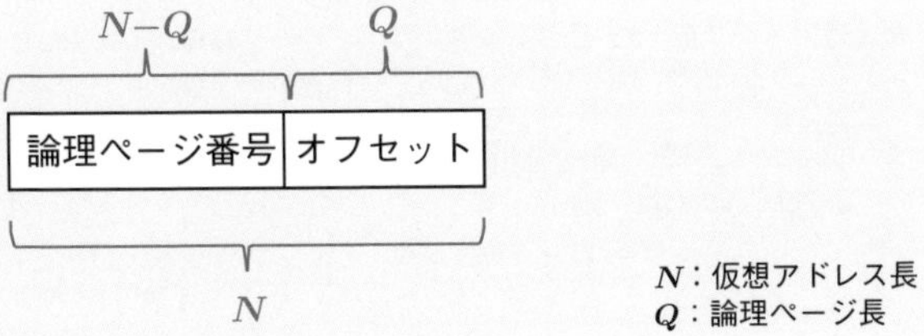

図5.5 ページ番号とオフセット

- ページ表を見て，論理ページ番号 p が格納されているページ枠番号（f）を知る．
- 物理アドレス $= f \times P + o$ となる．

計算機内は数字の表現は 2 進数となる．このとき，論理ページサイズ P を 2^Q，すなわち 2 のべき乗にとれば，上記のアドレス変換の計算は下記のように極めて簡単になり，高速に変換できる（図5.5 参照）．ここで仮想アドレス長を N とする．

- 仮想アドレス v の桁数 N を上位の $N-Q$ と下位の Q に分ける．上位の $N-Q$ の桁の番号が論理ページ番号 p，下記の Q 桁の数がオフセット o になる．
- 論理ページ番号 p をページ表で検索して，それが格納されているページ枠番号 f を知る．
- ページ枠番号 f を左に Q 桁だけシフトさせる（シフトして出てきた新たなビットは 0 である）．
- 上記とオフセット o を組み合わせた結果が物理アドレスとなる．

仮想アドレス長が 32 ビット（すなわち $N = 32$，仮想アドレス空間の大きさが 2^{32} バイト），論理ページサイズを 2^{12} バイト（すなわち $Q = 12$）の場合の例を図5.6 に示す．

上記の操作をソフトウェアで行うと重くなるので，ハードウェアで行う．通常，計算機はマシン命令としてシフト演算（指定された桁数だけビットをシフトする命令）と 2 つの 2 進数を加算させる命令を用意しているので，このシフト演算と加算命令を実行することで簡単にかつ高速にアドレス変換できる．

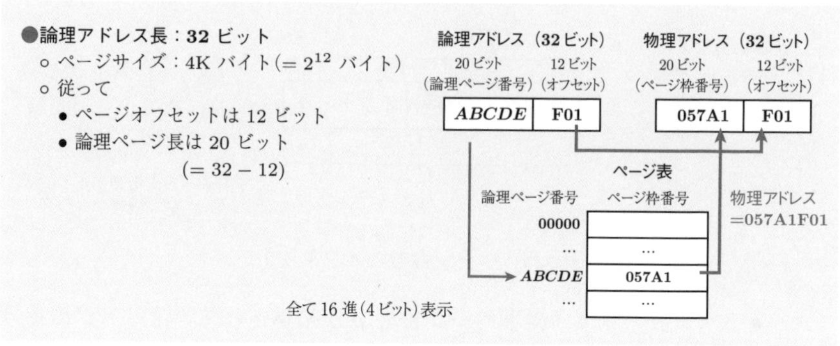

図5.6　アドレス変換の例

4)　**メモリの有効活用について**：上記のページングにより外部断片化は生じなくなったが，**内部断片化**は生じる．一般的にプログラムサイズが論理ページサイズの整数倍とはならず，最後の方で余りが出る．例えば，プログラムの大きさを 50K バイト，論理ページの大きさを 32K バイトとすると，このプログラムは 2 つの論理ページから構成されることになるが最後のページの大きさは $50 - 32 = 18$ であり，14K バイト（$= 32 - 18$)）が余ることになる．すなわち最後の論理ページを格納したページ枠で 14K バイトが余り，この無駄で有効活用できない領域が内部断片化となる．

なお，外部断片化，内部断片化は静的メモリ割当て方式でも発生していた問題であったことは読者は気づいていることかと思う．

5)　**論理ページサイズについて**：論理ページの大きさとページ表の大きさとの関係を考えてみる．

- **論理ページサイズを大きくとった場合**：ページサイズを大きくとると，論理ページの数は少なくなる．すなわちページ表内のエントリ数が少なくなり，その結果ページ表サイズが小さくなると言う利点がある半面，最後の論理ページで内部断片化の大きさが大きくなると言う欠点が生じる．
- **論理ページサイズを小さくとった場合**：論理ページサイズを小さくとると，逆に内部断片化の大きさが小さくなるが論理ページの数が大きくなり，その結果ページ表サイズが大きくなる．

上記のように，論理ページサイズとページ表サイズにはトレードオフが発生する．論理ページサイズをどのような大きさにするかは，このトレードオフの考慮が必要で設計者の悩みどころであり，昔は計算機ごとに多様な論理ページサイズが存在していた．しかしながら，現在は論理ページサイズを通常 4K バイト〜32K バイトにとることが多い．

6) **MMU と TLB について**：仮想アドレスから物理アドレスへのアドレス変換を高速に実行するための管理ハードウェアがある．このハードウェアを**メモリ管理ユニット**（**MMU**, Memory Management Unit）と呼ぶ．また，アドレス変換するためのページ表はメモリにあり，メモリアクセスは時間がかかるのでページ表の一部をコピーして保管しておくバッファがある．このバッファを **TLB**（Translation Look-aside Buffer）と呼ぶ．TLB は MMU 内にある．TLB は論理ページ番号からページ枠番号を検索することになるので**連想記憶**（associative memory）として構成される．TLB の大きさは高速にアクセスできるようにするため，物理的特性に起因してページ表サイズほど大きくとれないので，ページ表の一部しかコピーできない．プロセッサが発行した仮想アドレスは下記のような操作により変換される．

- プロセッサが仮想アドレスを発行する．
- 当該仮想アドレスを含んだ論理ページ番号（仮想アドレスから論理ページ番号への切り出しは MMU が行う）が TLB にあるか否かをチェックし，あれば（TLB ヒット）対応するページ枠番号により物理アドレスに変換する．ない場合（TLB ミス）はオリジナルのメモリ内のページ表を見てアドレス変換する．
- 上記の操作で TLB ミスの場合の操作（TLB とメモリとのやり取り）をハードウェアで行うかソフトウェアで行うかは，プロセッサごとに異なる．ソフトウェアで行う場合，TLB ミスが生じたら割出しにより OS に制御が移り OS 内のソフトウェアで行うことになる．ハードウェアで行う場合はソフトウェアからは見えないことになる．このことは，マルチプロセッサシステムにおける TLB コヒーレンス問題の解決方法に影響を与えるが，本書の範疇を越えるので詳細は述べない．近年のプロセッサは，TLB ミス時の処理（メモリ内のページ表で参照された情報を TLB に持ってくる操作）はソフトウェアによる操作となり，割出しによりOSに制御を移す方法が多い.

(2) 多段レベルページング

上記の単一レベルページングにおいてページ表サイズを考えてみる．ページ表の各エントリサイズを2バイト，仮想アドレス長さを32ビット（すなわち，仮想アドレス空間の大きさは $2^{32}=4$Gバイト），論理ページサイズを4K（$=2^{12}$，すなわち論理ページ長=12ビット）バイトとする．このとき，下記となる.

- 論理ページの数は $2^{32}/2^{12}=2^{20}$ となる.
- 従って，ページ表サイズは $2^{20}\times 2$ バイトとなり，非常に大きなサイズになる.
- この大きなサイズのページ表をメモリ内に格納することになる．プロセスの数が100あるとその100倍になる．読者は，上記のページ表サイズが実際はどれほどのサイズになるか計算してみるとよいだろう.

ユーザプログラムは，通常4Gバイトまで使うほど大きくないのが普通である．従って，このような大きなサイズのページ表を管理するのは無駄である．そこで，このページ表サイズを小さく管理する多段レベルページングが考案され，通常のページングでは多段レベルページングが採用されている．多段レベルページングでは1つの論理ページ番号の区切を複数のビット長に区切り，多段レベルとして構成する．2段の例を図5.7に示す．このとき，下記の仮定を設けている.

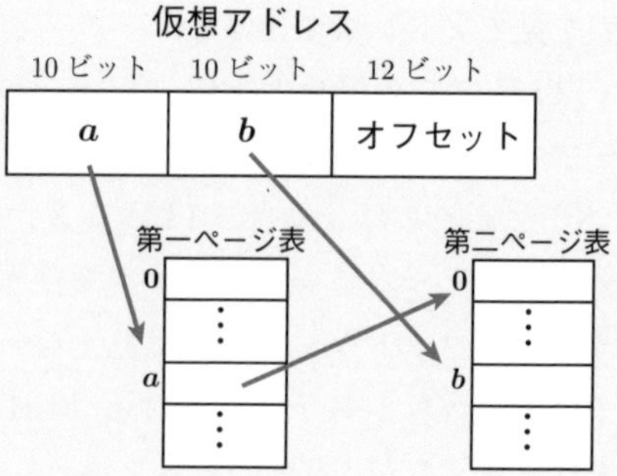

図5.7　多段レベルページング（例：2段ページング）

○ **仮定**

- 仮想アドレス長 = 32 ビット
- ページ表の各エントリサイズは第一ページ表，第二ページ表ともに 2 バイト
- 論理ページサイズ = 2^{12} (4K バイト, すなわちビット長 = 12 ビット)
- 第一ページのビット長 = 10 ビット．すなわち第一ページ表の エントリ数 = 2^{10} = 1K バイト
- 第二ページのビット長 = 10 ビット．すなわち第二ページ表の エントリ数 = 2^{10} = 1K バイト
- ユーザプログラムの大きさ=第一ページのエントリ 0 で表現できるだけの大きさ．

○ **ページ表の大きさ**：上記を仮定すると，このユーザプログラムを表現するページ表の大きさは下記となる．

- 第一ページ表の大きさは，$2^{10} \times 2$ バイト（= エントリ数 × エントリサイズ）となる．
- 第二ページ表へのポインタは，第一ページ表内のエントリ 0 が指す第二ページ表のみとなる．すなわち第一ページ表内では，エントリ 1 以降の内容は NULL である．
- 従って，ページ表の大きさ = 第一ページサイズ + 第二ページサイズ = $2^{10} \times 2$ バイト + $2^{10} \times 2$ バイト となる．第二ページ表は 1 つとなることに注意．

読者は上記において，単一レベルページングと 2 段レベルページングのページ表の大きさを比較してみよう．なお，段数を多くするとアドレス変換までに時間がかかり，段数をいくらにするか難しい問題である．

5.2.3 セグメンテーション

ページングはプログラム全体をその内容に関わらず一次元で管理しようとするものであり，下記の問題が発生する．

- プログラムはメイン関数，サブルーチン，スタックなど複数の論理的単位で構成されている．
- このとき，例えばメイン関数を書き換え，メイン関数のサイズが大きく

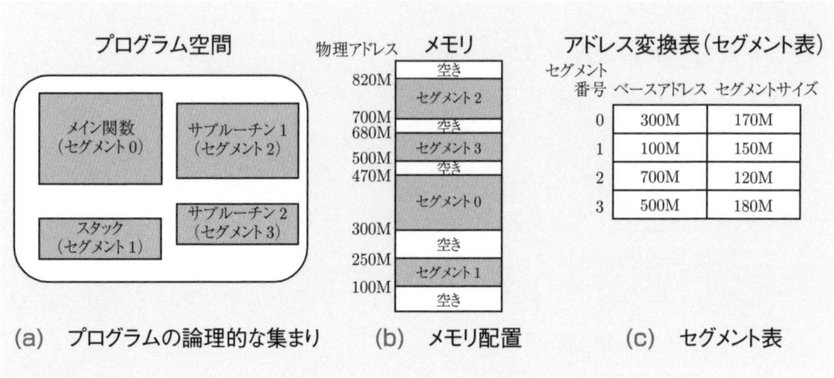

図5.8　セグメンテーション

なった．

- ページングではメイン関数の変更は一次元で管理されているプログラム全体に影響を与えるので，メイン関数のみのメモリ管理が行えた方が柔軟なメモリ管理ができる．

そこで，プログラムのメイン関数，サブルーチン，スタックなどの論理的単位で区切ってメモリ管理する方法がある．この方法を**セグメンテーション**（segmentation）と言う．論理的単位を**セグメント**（segment）と呼ぶ．ページングと同様に，プログラム内の仮想アドレスをメモリの物理アドレスに変換するマッピング表が必要となる．この表を**セグメント表**（segment table）と呼ぶ．ページングのページ表に対応するものである．ページングがプログラム全体を論理ページを基本とした一次元管理するのに対し，セグメンテーションはセグメントごとに管理する二次元で管理することになる．この様子を図5.8に示す．保護は当該セグメントに対してプロセッサが発行するアドレスが，セグメントサイズを越えていないかでチェックする．

(1)　素朴な方法

仮想アドレスはセグメント番号とそのセグメント内のアドレス（オフセット）の二次元で管理する．図5.9に示すように，仮想アドレスはセグメント番号とセグメント内のオフセットから構成される．アドレス変換はセグメント表からセグメント番号が示すベースアドレス（当該セグメントのメモリ内の先頭アドレス）とオフセットを足したアドレスがメモリ内の物理アドレスとなる．

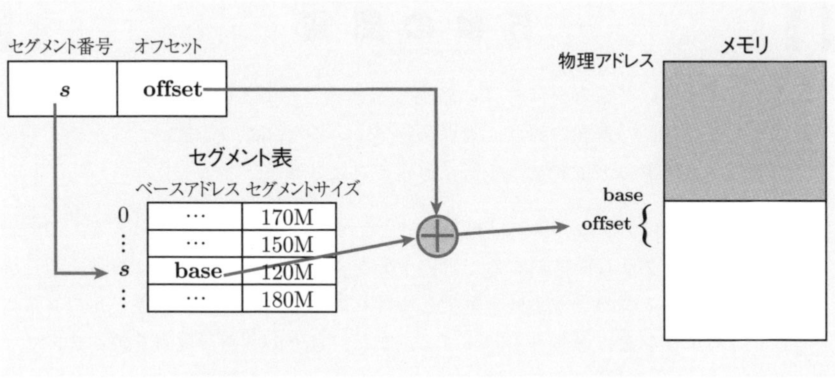

図5.9　セグメンテーションのアドレス変換

(2)　ページ化セグメンテーション

上記の素朴な方法では，各セグメントはメモリ内の連続した領域に格納しなければならなかった．その場合，外部断片化が生じメモリが有効活用できない．そこで，各セグメントをページに分割してメモリ管理する方式がある．この方式を**ページ化セグメンテーション**（paged segmentation）と呼ぶ．仮想アドレスは，**図5.10** に示すようにセグメント番号，セグメントが示すページ番号，ページ番号内のオフセットの 3 つから構成されることになる．

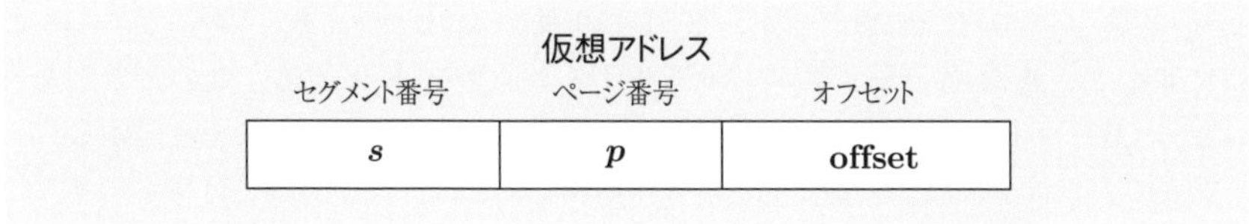

図5.10　ページ化セグメンテーションのアドレス構成

ページング，セグメンテーションのどちらを採用するかはプロセッサによって異なるが，PC に多く採用されているプロセッサでは両方をサポートしていることが多い．そのとき，どちらかの機能は使わないようにすることができる．

セグメンテーションよりもページングの方が分かりやすいので，次章の仮想メモリではページングを前提としたメモリ管理方法を述べる．

5章の問題

□**5.1** ユーザプログラムをメモリに格納する方式としてどのような方式があるか，述べよ．また各々の方式の利点，欠点を述べよ．また，このときいくつかの方式について，ファイルのディスクへの格納方式と対比させよ．

□**5.2** ユーザプログラムのメモリ格納方式として連続割当て方式を考える．このとき，ユーザプログラムを格納するだけの十分な空き領域がメモリ内に複数あった場合，その中から1つの空き領域を選択しなければならない．この選択アルゴリズムとしてどのようなものがあるか，述べよ．また，各々の利点，欠点を述べよ．

□**5.3** ユーザプログラムの分割方式にページングとセグメンテーションがある．各々を説明せよ．また，各々の利点，欠点を述べよ．

□**5.4** ユーザプログラムの分割方式としてページングシステムを考える．このとき，仮想アドレス長 = 32 ビット，論理ページサイズ = 2^{14}バイト，ページ表エントリサイズ = 2 バイト とする．単一レベルページングにおいて，ページ表の大きさはいくらか，求めよ．

□**5.5** ページングシステムにおいて，多段レベルページングを考える．このとき，下記を仮定する．

仮想アドレス長 = 64 ビット，多段レベルのレベル数 = 3，論理ページ長 = 16 ビット，第一レベル長 = 20 ビット，第二レベル長 = 12 ビット，第三レベル長 = 16 ビットとし，また 各ページ表エントリサイズ = 2 バイト とする．このとき，大きさ = 20 ビット長（すなわち，2^{20} バイト）となるユーザプログラムを表現するページ表の大きさを求めよ．具体的な計算が面倒であれば，その方針だけでも示せ．

□**5.6** ユーザプログラムのメモリへの格納方式を自分なりに考えよ．

第6章

仮想メモリ

本章では，現代のメモリ管理に繋がる話を述べる．すなわち，仮想メモリである．ユーザがプログラムを書くとき，自分のPCのメモリサイズがどれくらいの大きさかを意識してプログラムを書きたくない．やりたい内容を書きたいだけである．しかしながら，前章のメモリ管理ではユーザプログラムは分割するにせよ，その全体がメモリに格納されていないといけなかった．このことは，メモリサイズよりも大きなプログラムは書けないことを意味している．この制限はユーザにとって非常に不便である．そこで，ユーザに見せるメモリ空間を実際の物理メモリのサイズとは独立させた（実際は物理メモリサイズより大きくとる）機構である仮想メモリについて述べる．なお，本章で扱うプログラム分割法は，その分かりやすさ，説明のしやすさから単一レベルのページングを前提とする．

6.1 仮想メモリとは？

前章で述べたページング，セグメンテーションなどのプログラムのメモリへの分割割当てはメモリを有効活用できる利点があるものの，プログラム全体はメモリに格納されなければならないと言う制限があった．このことはプログラムサイズをメモリサイズ以下にしなければならないことを意味する．言い換えれば，ユーザは，メモリサイズよりも大きなプログラムを書けないことになる．これは大きな制限であり，ユーザにとって極めて不便である．そこで，**仮想メモリ**（virtual memory，**仮想記憶**）と言う概念／仕掛けが考案された．仮想メモリは，図6.1 に示すように，ユーザプログラムに限ったことではないが，プログラムサイズをメモリサイズから切り離して独立に管理する技法である．通常は，仮想メモリサイズを物理メモリサイズよりも大きく見せる．ユーザには，プログラムを入れる空間として物理メモリが直接見えるのではなく，仮想的なメモリ（仮想メモリ）の空間（**仮想アドレス空間**と呼ぶ）が見えることになる．仮想アドレス空間はユーザプログラムごとにある．ユーザは仮想アドレス空間の大きさ以内に収まるようにプログラムを書けばよい．この空間の

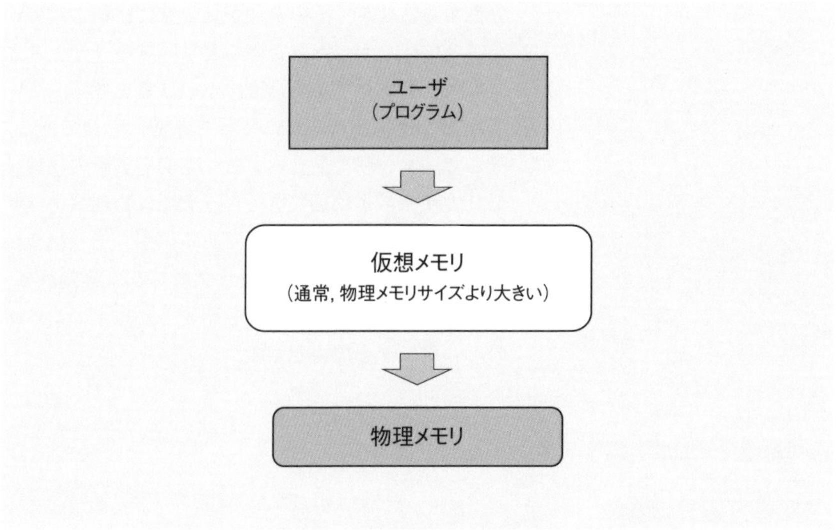

図6.1 仮想メモリの概念図

大きさは，プロセッサが基本としているビット幅（レジスタビット幅，演算などの基本操作するときのビット幅など）に依存する．32 ビットプロセッサ（32 ビットマシン）はこのビット幅が 32 ビットを基準にしているプロセッサのことである．仮想アドレス空間の大きさは，32 ビットマシンであれば仮想アドレスを 32 ビットで表現できるので 2^{32}バイト（$= 4$ G バイト），64 ビットマシンであれば 2^{64}バイト（$= 16384$ P バイト）と大きな空間になる．なお，プロセッサ，OS によってはこの仮想アドレス空間の半分を OS に割り当てることがあるので，その場合はユーザからみえる仮想アドレス空間の大きさは 1/2 になる．いずれにしても大きな空間となる．

読者はこれ以上の大きさのプログラムを書いたとき，何が起きるか自分の PC で試してみるとよい．大きなプログラムを作成する一番楽な方法は，多次元のデータ配列を用意して，ループでデータを書き込むことかと思う．無論，意味のないプログラムではあるが．

6.2　プログラムの実行の仕組みとデマンドページング

6.2.1　プログラムの実行の仕組み

(1)　プログラムの格納場所とメモリ格納方法

まず，ユーザの実行形式プログラム全体は二次記憶のディスクに格納されている．具体的には，ディスクをファイルシステム用とスワップ領域用に分割してスワップ領域に格納する方法もあれば，ディスクを分割せずにファイルシステムを活用する場合もある．仮想アドレス空間へのコード，データ，スタックのアドレス付け（アドレッシング）は，図6.2に示すように下位アドレスからコード，その上にデータ，上位アドレスからスタック（下に伸びる）となる．このアドレス付けはコンパイラが行う．

プログラムを実行する場合，プログラム全体はメモリサイズよりも大きいので一度にはメモリに格納できない．そこで，プログラムの一部をメモリに格納し，他部分はメモリには格納されていない状態となる．この状態を表現するために，ページ表には論理ページが格納されているページ枠番号の他に当該論理ページがメモリにあるか否かを示す情報が新たに必要になる．各エントリ内にこの情報を格納する項目を**有効／無効ビット**（Valid/Invalid bit）と呼ぶ．メモリにあるかないかを示すだけでよいので有効／無効ビットは1ビットとなる．通常0，1であるがどちらがメモリにある状態を示しているか分かりにく

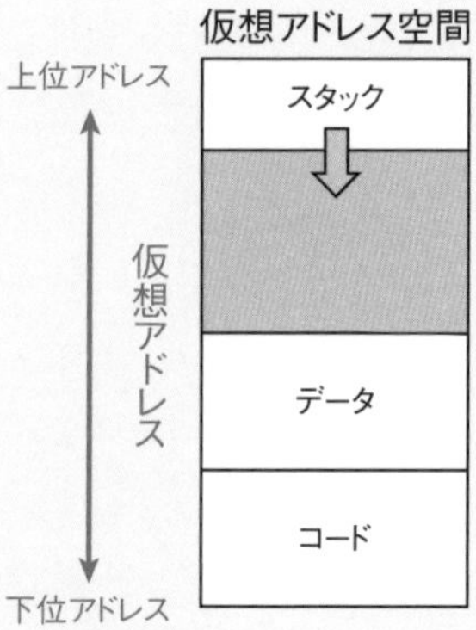

図6.2　仮想アドレス空間内のコード，データ，スタックの割当て

いので，本書では，当該論理ページがメモリにある場合を V（有効），ない場合を I（無効）で示す．

(2) プログラムの実行の仕組み

プログラム全体がメモリには同時に格納できないのに，どのようにしてプログラムを実行するのであろうか？ 読者は疑問を持つかもしれない．プログラム実行には，その時点で必要なプログラム部分がメモリにあれば実行できるのである．すなわち，プログラムカウンタが指している命令（コード）とその命令を実行するための必要なデータがメモリにあれば，とりあえずはその箇所は実行できることになる．例えばプログラムカウンタが指している加算命令を実行する場合，その加算命令が入っている論理ページ，加算に必要な 2 つのデータが各々入っている 2 つの論理ページの計 3 つの論理ページがメモリにあれば，とりあえずその加算命令は実行できることになる．これをプログラムの実行に沿って，必要部分を取っ替え引っ替え実行すれば最終的にプログラム全体が実行できることになる．この必要部分をメモリにいつ格納するかについて，以下の 2 つの方法がある．

1) **プリページング（先行ページング，prepaging）**：必要となる論理ページを予めメモリに入れておく方式である（論理ページのプリフェッチ）．この方法はどの論理ページが必要になるかと言う将来を予想しないといけないので，実現が極めて困難である．また，かなり正確に将来を予測したとしても，その予測は完全ではない．

2) **デマンドページング（要求ページング，demand paging）**：必要になったとき，すなわちプログラム実行時に当該論理ページにアクセスしたときに，その論理ページがメモリになければ，メモリに持ってくる方法である．

上記の 2 方式のうち，デマンドページングが採用されている．以下，デマンドページングについて述べる．

6.2.2 デマンドページングとページフォールト

アクセスした論理ページがメモリにあるか否かはどのようにして分かるのだろうか？ それは，ページ表の当該論理ページのエントリ内の有効／無効ビットで判断できる．有効（V）になっていればメモリにあるので，アドレス変換して物理アドレスにアクセスすることになる．無効（I）になっていればメモリにないので，その論理ページをディスクからメモリに持ってくる必要がある．

上記の詳細を下記に述べる．

- プロセッサが仮想アドレス v を発行した．
- 仮想アドレス v からそれを含んだ論理ページ a を求める．
- その論理ページ a がメモリにあるか否かをページ表の論理ページ a のエントリ内の有効／無効ビットを見て判断する．有効（V）になっていれば論理ページ a はメモリにあるので前章で述べたアドレス変換により物理アドレスを計算してメモリアクセスする．
- メモリにない場合，すなわち無効（I）になっていれば割出しにより OS に制御が移る．この割出しのことを**ページフォールト**（page fault）と呼ぶ．
- 上記の論理ページ a がメモリにあるかないかをソフトウェアでチェックすると重くなるので，ハードウェアでチェックする．
- OS は当該論理ページ a をメモリに持ってくる．このときメモリ内で空きページ枠（ページ枠 f とする）があればそこに入れる．その後，これを反映するようにページ表内の情報を変更する．すなわち論理ページ a のエントリ内の有効／無効ビットを無効 → 有効に変更し，ページ枠番号の項目をページ枠番号 f にする．その後当該プログラムを再開させる．再開の後，論理ページ a はメモリにあるのでアクセスできることになる．
- 空きページ枠がなければ，メモリ内の論理ページの中から 1 つ選び（選ばれた論理ページ b を**犠牲ページ**（victim page）と呼ぶ），その空きページ枠（ページ枠 g とする）にアクセスした論理ページ a をディスクから持ってくる．これを反映するように，OS はページ表内の情報を変更する．すなわち，論理ページ b のエントリ内の有効／無効ビットを有効 → 無効に変更し，論理ページ a 内のエントリ内で有効／無効ビットを無効 → 有効，ページ枠番号の項目を g にする．その後プログラムを再開させる．

なお，ディスク内の論理ページ a をメモリに転送するのは時間がかかるので，OS はページフォールトを起こしたプログラムを中断（サスペンド）させ，当該プログラム（プロセス）を実行状態から待ち状態へ遷移させる．上記の例でページ表の変更を図6.3 に示す．

上記のように，ページフォールト発生後 OS に制御が移り OS が行う処理を**ページフォールト処理**と呼ぶ．

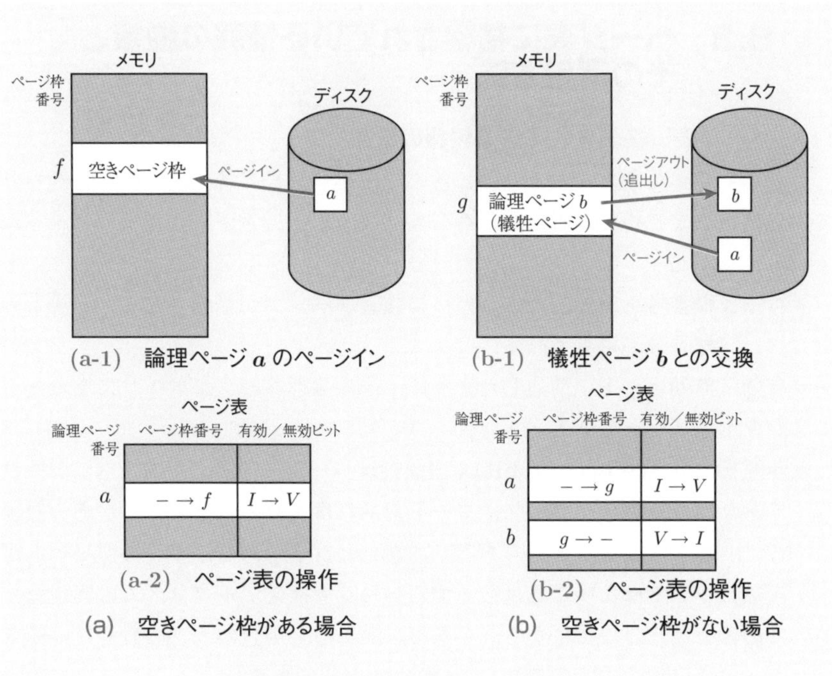

図6.3　ページフォールト処理

6.3　ページ表に格納されている情報の種類とその活用方法

(1)　ページ表に格納されている情報の種類

これまで述べたきたことを一部に含んで，ページ表の各エントリに格納されている情報をまとめてみる．図6.4 に示すように，通常下記の情報が格納されている．

- **ページ枠番号**：前述したように，当該論理ページが格納されている場合のページ枠番号が格納される．
- **有効／無効ビット**：前述したように，当該論理ページがメモリにあるか否かを示すビットである．
- **参照ビット（reference bit）**：当該論理ページに参照／アクセス（データであれば読み書きアクセス，コードであれば実行のアクセス）があった場合に，オンになるビットである．通常 1 ビットである．この参照ビットが複数ビットではないことは後述するページ置換えアルゴリズムの実現などに影響を与えることになる．アクセスがあった場合のオンの設定はハードウェアで自動的に設定される．OS はオフにできる．
- **修正ビット（modify bit）**：上記の参照ビットはアクセスがあった場合にオンになるビットであったが，この修正ビットはそのアクセスの中でも書込みアクセスがあった場合にオンになるビットである．通常 1 ビットである．オンはハードウェアによって行われ，OS はオフにできる．**汚れビット**（dirty bit）とも呼ばれる．
- **保護ビット（protection bit）**：当該論理ページにどのようなアクセスを許可するかを示すビットである．アクセス許可の種類としては，実行（コードのみ），データであれば読出し許可，書込み許可の 3 種類がある．従ってこの 3 種類を表現できる 2 ビット（$2^2 = 4$）が必要である．この設定は OS が行う．許可されていないアクセス，例えば読出ししか許されていない論理ページに書込みアクセスがあると，アクセス保護違反の割出しとして OS に制御が移る．このとき，どのような処理を行うかは OS に任されている．通常はアクセス保護違反のメッセージをユーザ空間に伝えることが多い．

図6.4　ページ表エントリ内に格納されている情報

(2)　活　用　方　法

上記情報の活用方法を下記に述べる．

- **ページ枠番号**：前述したように，仮想アドレスから物理アドレスへのアドレス変換に使用される．このアドレス変換はハードウェアによって行われる．
- **有効／無効ビット**：アドレス変換する際に，まずは当該論理ページがメモリにあるか否かを判断するために使用する．この判断はソフトウェアではなく，ハードウェアで判断する．無効（I）になっていれば割出しによりページフォールの形で OS に通知され，OS に制御が移る．OS はページフォールト処理を行う．
- **参照ビット**：いくつかの活用方法がある．その 1 つとして後述するページ置換えアルゴリズムにおける LRU アルゴリズムを近似するときに利用される．詳細は後述する LRU の項で述べる．
- **修正ビット**：いくつかの活用方法がある．その 1 つとして，OS によるページフォールト処理において犠牲ページを実際にディスクに追い出すか否かの判断に用いる．すなわち，犠牲ページとなった論理ページを以前メモリに持ってきたときからディスクに追い出す（ページアウト）までにその内容が変更されていなければ，ディスク内の当該論理ページと内容は同じであるので，実際にディスクに転送しなくてよいことになる．すなわち，ディスクへの転送処理が省略できる．これを実現するために OS は次の操作を行えばよい．全ての論理ページをディスクからメモリに持ってくるときに，この修正ビットをオフにしておく．その後，ページフォールトにより犠牲ページとなった論理ページの修正ビットを見る．オフになっていればメモリに持ってきた以降，ディスク内の当該ページと同じ内容となっているのでディスクに転送しない．すなわちディスクへの転送時間が省けることになる．オンであれば実際にディスクに転送する．

- **保護ビット**：実際のアクセスが許可されたアクセス（実行，読出し，書込み）になっているか否かの判断に利用される．許可されたアクセスになっていない場合，ハードウェアからの割出しによりアクセス保護違反の形でOSに制御が移る．

6.4　ページフォールト処理

上述した OS が行うページフォールト処理を下記にまとめる．このとき，ページフォールトを起こした論理ページを a とする（前述の図6.3 参照）．

まず，メモリ内に空きページ枠があるか否かを調べる．ある場合とない場合とでは各々下記の処理を行う．下記でまずは空きページ枠がある場合の処理が最初に行われ，ない場合は空きページ枠がない場合の処理に移る．

(1)　空きページ枠がある場合（図6.3(a) 参照）

メモリ内の空きページ枠を検索し，空きページ枠があればその複数の空きページ枠から 1 つ（ページ枠番号を f とする）を選択し，その空きページ枠 f に論理ページ a をディスクからメモリに転送する．なお，この転送を待つ間，ディスクからメモリへの転送は時間がかかるので，ページフォールトを起こしたプロセス（プロセス P とする）をサスペンドする．論理ページ a がメモリに転送されたら（転送完了の通知はディスクからの割込みの形でプロセッサに知らされる），サスペンドされたプロセス P を起こす（実際はプロセス P を実行可能待ち列であるレディキューに入れる）．その後，そのマッピング情報を反映するようにページ表を変更する（上述を参考）．その後プロセス P を再開する（実際はプロセス P をレディキューに繋ぎプロセス P にスケジューリングが回ってきたときとなる）．

(2)　空きページ枠がない場合 (図6.3(b) 参照)

空きページ枠がない場合，メモリ内のページ枠に格納されている論理ページの中から 1 つ選択し（犠牲ページ），犠牲ページをディスクに追い出して空きページ枠を作り，その空きページ枠にページフォールトを起こした論理ページをディスクから持ってくる．このことを反映するためのページ表を変更する（上述参照）．その後中断したプロセス P を再開させる．

6.5 ページ置換えアルゴリズム

上記において，犠牲ページを選択するアルゴリズムを**ページ置換えアルゴリズム**（page replacement algorithm）と呼ぶ．ディスクアクセスは時間がかかるのでメモリ内の論理ページのディスクへの追い出し回数とそれに伴う論理ページのディスクからのメモリへの転送回数，すなわちページフォールト回数を少なくした方がよい．そうすれば，ユーザプログラムを早く実行できることになる．ページ置換えアルゴリズムがページフォールト回数に影響を与えるため，アルゴリズムの選択は性能に大きな影響を与える．

下記に代表的なページ置換えアルゴリズムを述べる．

6.5.1 FIFOアルゴリズム

(1) 操 作 方 法

FIFO アルゴリズム（First-In First-Out）は犠牲ページを論理ページがメモリに入った順番で選択する方法である．最も単純な方法である．**図6.5** にページ枠数が3の場合を示す．この場合はページフォールト回数が15回になるが，FIFOではページフォールト回数が最小にはならない．

○ **ベラディーの異常振舞い**：メモリサイズを大きくとればとるほど，すなわちページ枠数が増えれば増えるほど（ページ枠サイズは固定と仮定），それだけ論理ページをメモリに多く格納できるので直観的にはページフォールト回数が少なくなると思える．しかし，メモリサイズが増えても逆にページフォールト回数が増える現象が生じることがある．この現象は，ベラディー（L. Belady）が発見した現象であるので**ベラディーの異常振舞い**

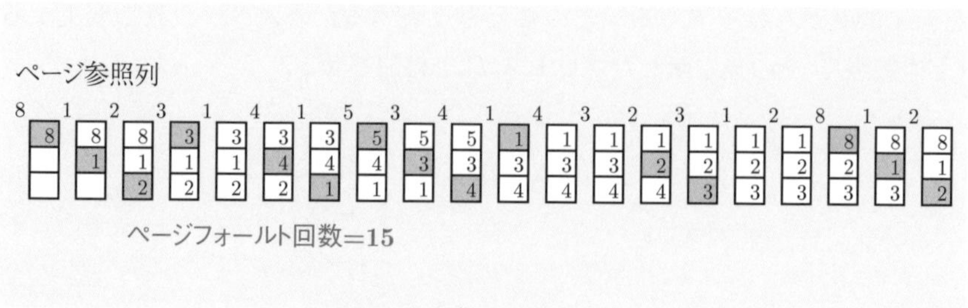

図6.5 **FIFO** アルゴリズム

(Belady's anomaly) と呼ばれる．FIFO ではベラディーの異常振舞いが生じることが知られている．この現象が理論的に生じないアルゴリズムは**スタックアルゴリズム**と呼ばれる範疇に入るアルゴリズムであり，後述する LRU アルゴリズムはこの範疇に入る．

(2)　実　現　方　法

ページフォールトが生じるたびにメモリに持ってくる論理ページ番号を FIFO の順序で覚えておく．ある時点でページフォールトが生じた場合，その FIFO の中で最初に入った論理ページを犠牲ページに選ぶ．

6.5.2　最適置換えアルゴリズム

(1)　操　作　方　法

最適置換えアルゴリズム（Optimal, OPT）はアクセスされる論理ページ系列の中で，将来最も最後にアクセスされる論理ページを犠牲ページに選ぶアルゴリズムである．この方法はページフォールト数が最小になることが理論的に保証されている．理想的なアルゴリズムである．FIFO と同じ参照系列を図6.6 に例を示す．ページフォールト回数は FIFO が 15 回であったものが 9 回と少なくなっている．

(2)　実　現　方　法

最適置換えアルゴリズムは将来の論理ページアクセス系列が分かると言う前提であり，実際には将来のアクセス系列は分からないので，この方法は実現できない．そのため，他との比較に用いられる．

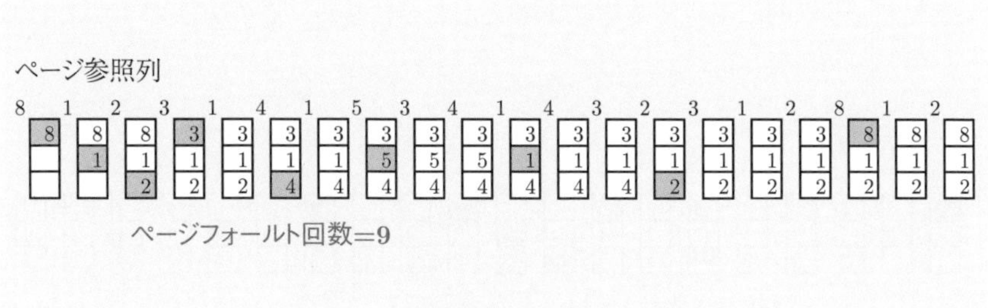

図6.6　最適置換えアルゴリズム

6.5.3 LRU アルゴリズム

(1) 操作方法

上記の最適置換えアルゴリズムがページフォールト回数を最小にする最適なアルゴリズムであるので，最も遠い将来にアクセスする論理ページを過去の論理ページアクセス系列情報で如何に予測するかと言うことになる．実際のプログラムを実行した結果，多くの場合下記の性質があることが分かってきた．

- **参照の局所性**：直近にアクセス（参照）された論理ページは，将来の早い時期にアクセスされる．この性質をさらに細かく分けて，空間的局所性，時間的局所性がある．

LRU アルゴリズム（Least Recently Used）はその名前が示す通り，過去の論理ページアクセス系列の中で「最近最も過去にアクセスされた」ページを犠牲ページに選ぶ方法である．FIFO と同じ参照系列で図6.7 に例を示す．ページフォールト回数は FIFO が 15 回，最適置換えが 9 回であったものが LRU では 12 回となっている．

上述したように，LRU はスタックアルゴリズムの範疇に入るので，ベラディーの異常振舞いが決して生じないことが理論的に保証されている．

(2) 実現方法

LRU は厳密には実現できない．と言うのは，実現するためには過去の参照系列の順序を正確に覚えておく必要があるが，ハードウェアサポートのページ表では参照ビットは 1 ビットのみであるからである．

(3) 近似方法

そこで，近似的に実現する方法を考えることになる．この方法の 1 つとして

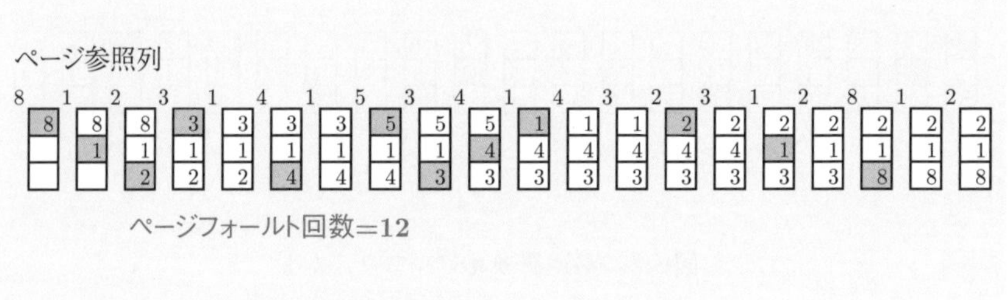

図6.7 **LRU** アルゴリズム

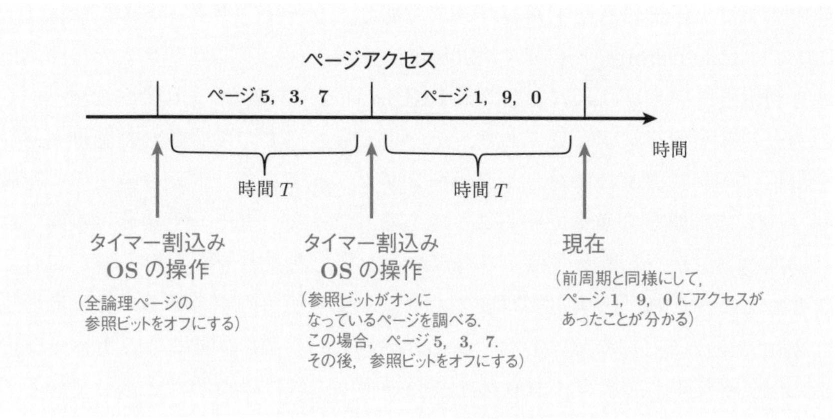

図6.8　**LRU の近似**

OS が行う処理として下記がある．

- ある一定時間（T）ごとに論理ページの参照ビットを調べ，オンになっている論理ページ集合を覚えておく．その後で参照ビットをオフにする．この操作を繰り返す．このようにすると，例えば，図6.8 に示すように直前の過去の周期 T の参照ページが論理ページ 1，9，0 であり，その直前の周期 T の参照ページが 5，3，7 であった場合，犠牲ページとして，1，9，0 ではなく 5，3，7 の中から選ぶ．なお，ページ 5，3，7 のアクセス順序は分からない．このとき，時間 T ごとにタイマー割込みを発生させ，OS に制御が移り，処理することになる．タイマー割込み時間を短くすればそれだけ詳細なアクセス系列が把握できるが，その分 OS のオーバヘッドが大きくなり，そのトレードオフの問題となる．

6.5.4　ワーキングセットアルゴリズム

(1)　操　作　方　法

ワーキングセット（working set）とは，現在の時刻 t から過去のある一定時間（Δt とする）までさかのぼり，この間 $(t-\Delta t, t)$ に参照（アクセス）された論理ページの集合のことである．**ワーキングセットアルゴリズム**は，このワーキングセットに入っている論理ページを犠牲ページに選択せずに他の論理ページを犠牲ページとして選択する方法である．LRU と同様に，プログラムの参照の局所性を根拠にしたアルゴリズムであり，ワーキングセットの概念は，デニング（P.J. Denning）により1968年に考案された．プログラムの参照局所性を利用したアルゴリズムとしてはLRUと同じであるが，LRUが論理ページの過去の参照列を厳密に見ており，その中で最も過去の参照された論理ページを犠牲ページに選ぶのに対し，ワーキングセットアルゴリズムは過去の一定時間（Δt）の参照を考慮していることである．ワーキングセット集合は参照された論理ページが，あるときは1ページのみ，またあるときは100ページになることもある．これは，実行プロセスのプロセッサ使用の割合あるいは参照の割合を見ていることになる．1ページのみの場合は，Δt の間にその1ページのみに参照が集中しており，100ページの場合はそれだけ参照が分散していることを意味する．

(2) 実 現 方 法

$\Delta t = 1000$ とした場合，1000時間単位ごとにクロック割込みを起こし，ページ表の参照ビットの中でオンになっている論理ページをワーキングセットに入れ，その後参照ビットをオフにする．と言うことを繰り返す．しかし，この方法は厳密でなく，さらなる工夫が必要である．

6 章の問題

□**6.1** 仮想メモリをサポートしている計算機を考える．また，プログラム分割方式として単一レベルのページングを考える．このとき，仮想アドレス長を 32 ビットとして，次の問題に答えよ．

(a) 仮想アドレスを 32 ビット長の ABCD1234（16 進表示）として，論理ページ番号とオフセット（変位）を求めよ．なお，論理ページサイズは 64K バイト（$= 2^{16}$ バイト）とする．

(b) 上記の論理ページが格納されているページ枠を自分で適当に設定して，上記仮想アドレスが格納されている物理アドレスを求めよ．

□**6.2** ページングシステムにおいて，次のページ参照列を考える．

1, 2, 3, 4, 2, 1, 5, 6, 2, 1, 2

ページ枠（ページフレーム）数を 3 として，次の各ページ置換えアルゴリズムに対して，ページが置き換わる様子，およびページフォールト数を求めよ．但し，ページ枠は最初は全て空とする．

(a) FIFO アルゴリズム

(b) 最適置換えアルゴリズム

(c) LRU アルゴリズム

□**6.3** ページングシステムにおいて，ハードウェアがページ表の各エントリに 1 ビットの有効／無効ビットをサポート（支援）しているとする．また，ハードウェアが提供するクロック（時計）があるものとする．次の問題に答えよ．

(a) このときページ置換えアルゴリズムとして LRU アルゴリズムを近似ではなく厳密に実現するためには，ソフトウェアで実現できるか考察せよ．OS で可能か？，コンパイラで可能か？，このとき，それを実現できる場合のオーバヘッドは考えなくてよい．さらに，その後オーバヘッドについて議論せよ．

(b) 上記のハードウェアを持つ多くの計算機で LRU アルゴリズムが採用されているが，厳密な LRU ではなく近似 LRU である．この理由を述べよ．

(c) LRU を近似する実現方法を 1 つ提案せよ．

□**6.4** ハードウェアがページングをサポートする計算機を考える．また，仮想アドレス空間の大きさは 2^{32} バイト（すなわち 仮想アドレス長 = 32 ビット）とする．このとき次の問題に答えよ．

(a) 論理ページ長（すなわち論理ページサイズ）を大きくしたときの利点，欠点を述べよ．また，論理ページ長を小さくしたときの利点，欠点を述べよ．

(b) 単一レベルページングを考える．論理ページサイズを 4K バイトとする．このとき，ページ表において，各ページエントリを格納するのに 4 バイト必要すると仮定したとき，ページ表の大きさを求めよ．

□**6.5** ハードウェアがページングをサポートしているとする．また，TLB を持っているとする．このとき，プロセッサが発行する仮想アドレスが物理アドレスに変換される過程を図示せよ．図示には少なくとも次のものを含ませよ．

仮想アドレス，ページ表，メモリ，論理ページ番号，ページ枠番号，TLB

□**6.6** ページングシステムにおいて論理ページにアクセスしようとしてページフォールトが発生した．このとき OS がやるべき処理（ページフォールト処理）を述べよ．

□**6.7** ページングシステムにおいて，ページ表の各エントリにはどのような情報をハードウェアが通常サポートしているか，4 つ以上挙げて説明せよ．また，それらを OS はどのようなことに用いるか，説明せよ．

第7章

並行プロセスとクリティカルセクション

人間社会で想像できるように，ある仕事をする場合，1人ではできず複数の人と共同作業しながら仕事をやることになるのが普通である．このことは人を計算機のプロセスに当てはめても同様である．本章ではこの処理形態，すなわち複数のプロセスが協調しながら行う並行プロセスについて述べる．特に，並行プロセスで重要な問題はクリティカルセクション問題であり，この問題の解決方法などについて述べる．

7.1　並行プロセスとクリティカルセクション問題

7.1.1　並行プロセスの問題点

次の例を考えてみる．2つのプロセス A，B が変数 a を共有している．このとき図7.1 に示すように，プロセス A は共有変数 a を +1 ($a := a + 1$)，プロセス B は −1 ($a := a - 1$) する操作を行う．+1，−1 する操作は，マシン命令セットとしてロード／ストアアーキテクチャでは，通常，アセンブリ言語は下記になるとする．なお，この操作は後述する生産者／消費者問題でカウンタを操作する場合に出てくる．

○ **+1 する操作**

- $R_1 \leftarrow a$（メモリ内の変数 a の内容をレジスタ R_1 に持ってくる（ロードする））…操作①
- $R_1 \leftarrow R_1 + 1$（レジスタ R_1 の内容を +1 した後，その結果をレジスタ R_1 に格納する）… 操作②
- $a \leftarrow R_1$（レジスタ R_1 の内容をメモリ内の変数 a に格納する（ストアする））… 操作③

○ **−1 する操作**

- $R_2 \leftarrow a$（メモリ内の変数 a の内容をレジスタ R_2 に持ってくる（ロードする））… 操作④
- $R_2 \leftarrow R_2 - 1$（レジスタ R_2 を −1 した後，その結果をレジスタ R_2

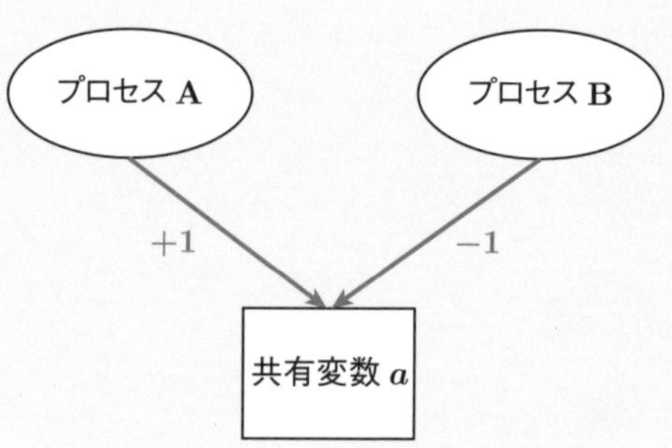

図7.1　クリティカルセクションの例

に格納する）…操作⑤

- $a \leftarrow R_2$（レジスタ R_2 の内容をメモリ内の変数 a に格納する（ストアする））… 操作⑥

共有変数 a の初期値を $a = 0$ とする．プロセス A，B が各々 1 回実行された後，共有変数 a は最終的にはプラスマイナスゼロで元の値の 0 になっているはずである．しかし，下記の例のように $a = 0$ にならない場合がある．

- 操作①，②を実行した後，プロセス A が中断（サスペンド）あるいは後回しになる．この中断には仮想メモリにおけるページフォールトによるもの（操作①，②のコードと，操作③のコードが異なる論理ページに格納されており，操作③のコードへアクセスしたときその論理ページがメモリにない），後回しにはスケジューリングのラウンドロビンでタイムスライスを使い切ったなどがある．
- 操作②の実行の後，$R_1 = 1$ になっている．
- この後，スケジューリングによりたまたまプロセス B が実行された．操作④，⑤，⑥を実行する．操作⑥の実行後 $a = -1$ になる．
- この後，中断したプロセス A が再開され，操作③を実行する．$a = 1$ になる．

以上，プロセス A，B を各々一回実行した後，$a = 1$ になり $a = 0$ にはならない．これは論理的に正しくない．この +1，−1 の単位が金額で億単位だったら大問題である（そうでなくても問題ではあるが）．この原因は，操作①〜③の実行中に④〜⑥が実行されたことである．

クリティカルセクション問題の例として上記は 1 つのセンテンス（$a := a+1$, $a := a-1$）が複数のマシン命令に分解されてと言う小さな処理を述べたが，より大きな処理でも起こりうる問題である．上記の例以外に，複数プロセスが共有して行うダブルリンクのリスト処理がある．処理としてはポインタの張替えがある．なぜ問題なのか考えてみよう（演習問題）．また，読者はその他の例を考えてみよう．

7.1.2 クリティカルセクション問題

上記のように，+1，−1 する操作は気を付けないと論理的に正しくない値になることがある．この +1，−1 するコード領域，区域を**クリティカルセクショ**

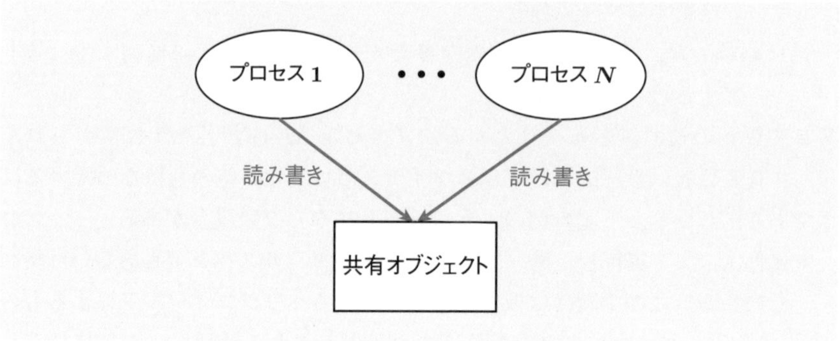

図7.2 クリティカルセクション問題の一般化

ン（critical section）あるいは**クリティカルリージョン**（critical region）と呼ぶ．日本語では**際どい領域**，**危険領域**，**危険区域**などと呼んでいる．クリティカルセクションの操作を論理的に正しい結果になるように保証する制御が必要である．この問題は一般的に図7.2に示すように，複数のプロセスがある共有オブジェクト（前述の例だと共有変数 a）へ書き込みアクセスするときに発生する問題である．無論，読出しだけでは問題とならない．

クリティカルセクションを制御するためには，図7.3に示すようにクリティカルセクションに入るときに制御するコード（入口制御コード），出るときに制御するコード（出口制御コード）を書かなければならない．

上述の変数 a への $+1$，-1 するための制御イメージは，日常生活で下記を考えると分かりやすい．

- A さん，B さんの 2 人がいる．
- ある部屋（クリティカルセクション部屋（CS 部屋と呼ぼう））がある．CS 部屋で A さんは操作①〜③，B さんは操作④〜⑥を行う．

論理的に正しくない結果になったのは，A さんが CS 部屋に入っている最中に B さんが CS 部屋に入ったことが原因である．

要は，CS 部屋に同時には 1 人しか入れないように如何に制御するかと言うことである．これを CS 部屋に入りたい人が 2 人ではなく一般的な N 人の場合だと図7.4のようになる．

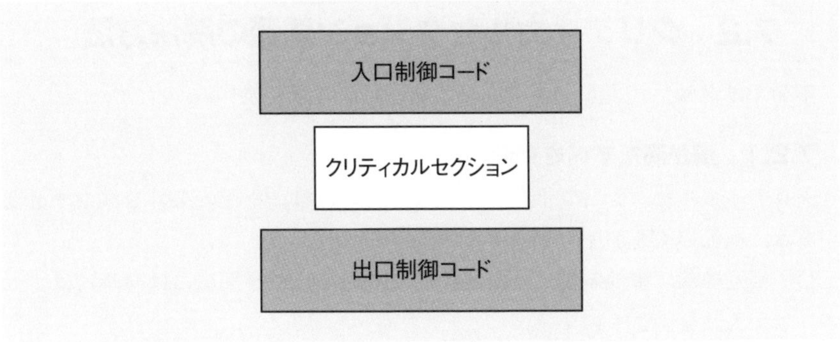

図7.3 クリティカルセクションのプログラム制御イメージ

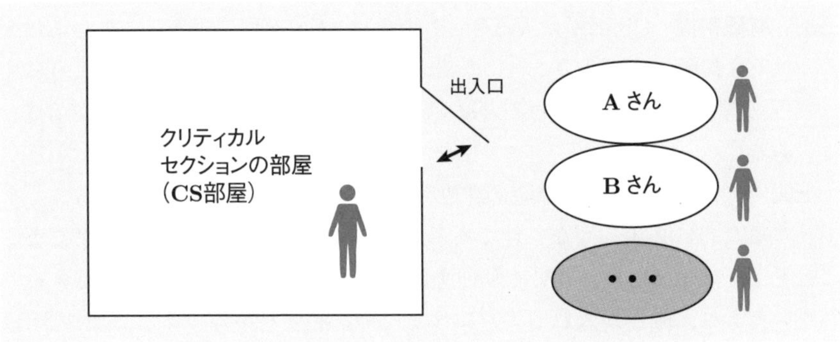

図7.4 クリティカルセクションのイメージ

7.2 クリティカルセクション問題の解決方法

本節ではクリティカルセクション問題の解決方法を述べる.

7.2.1 解が満たすべき条件

クリティカルセクション問題を解決するためには，下記の条件を満たす必要がある．前節の CS 部屋（図7.4 参照）の例で述べる.

1) **相互排除／排他制御 (mutual exclusion)**：CS 部屋には同時には 1 人しか入れないようにする.
2) **前進**：CS 部屋に入ろうとした人は，CS 部屋に誰も入っていない場合は中に入れるようにする.
3) **有限待機**：CS 部屋に入ろうとした人は，CS 部屋に誰か入っている場合は CS 部屋の前で待つことになるが，有限時間待てば必ず入れるようにする（無論，中に入っている人は CS 部屋から有限時間で出ることが前提である）.

上記で，条件 1) の相互排除／排他制御は論理的に正しい結果になることを保証するために必ず必要な条件である．条件 2) は論理的に正しい結果になることを保証はしないが，うまく動作するため，すなわち CS 部屋に誰も入っていないときに，誰かが入れるようにするために必要な条件である．条件 3) は必ずしも必要ではないが，サービスの公平性（すなわち CS 部屋の前で待っている人への公平性）のためには考慮した方がよい条件である.

上記の条件を満足するように，CS 部屋への入り方を制御する方法を考える．まず日常生活の中でシャワー室，風呂などの運用方法を考えると，下記の制御方法が素直に浮かんでくる.

- CS 部屋の出入り口に表札を用意する．この表札には表には使用中，裏には空きと書いてある.
- CS 部屋に入ろうとした人は，表札を見て空きであれば裏返して使用中表示にして CS 部屋に入る．使用中表示の場合は，空き表示になるまで CS 部屋の出入り口で待つ.
- CS 部屋にいる人（1 人ではあるが）は，出るときに表札を裏返し空き表示にする.

読者は，上記になるように制御すればよいと素直に考えると思う．上記の解決イメージは下記の問題がある．

- CS 部屋に入りたい人が複数人いた場合，同時（例えば 2 人）に表札を見たときに空き表示になっていたら，同時に 2 人が CS 部屋に入ることになる．すなわち，相互排除を満足できないことになる．

上記は，イメージすると 1) 表札を見る（計算機では表札を変数に対応させ，その変数への読出しになる）と言う操作と，2) 空き表示であれば裏返して使用中表示にする（裏返す操作は当該変数への書込みになる）と言う操作を，論理的にゆっくりやっていることが原因である．イメージ的には，上記 1)，2) の操作は一対として論理的に一瞬（論理的には時間ゼロで）のうちにやらないといけないのである．この制御方法は，後述する特殊なマシン命令を用いた解決方法で述べる．なお，複数の操作を分解しないで一対として操作することを**不可分操作**（**アトミック**（atomic）**操作**）と呼ぶ．

7.2.2　解決方法の種類

クリティカルセクション問題を解決するためには下記の 2 つの方法がある．

(1)　通常のマシン命令を利用する方法（ソフトウェアによる解決方法）

後述する「通常のマシン命令を用いた解決法（ソフトウェアによる解決方法)」で述べる．通常のマシン命令とは 1 つのマシン命令で 1 つの操作（例えば，メモリ内の変数をレジスタにロードする，レジスタの内容をメモリ内の変数にストアする，レジスタ間同士で四則演算を行うとかである）．例えば，プログラミング言語 C を用いて特殊な命令を使わないで，普通にコードを書くイメージである．

(2)　ハードウェア支援の特別なマシン命令を用いる方法（ハードウェアによる解決方法）

後述する「ハードウェア支援の特別な命令を用いた解決法（ハードウェアによる解決方法)」で述べる．マシン命令としてほとんどのプロセッサは通常 1 つのマシン命令で読出しと書込みの 2 つの操作を提供している．

7.2.3　通常のマシン命令を用いた解決方法

プロセッサが提供している通常のマシン命令，すなわち 1 つのマシン命令で 1 つの操作を行う命令を用いた場合の解である．操作としては，ロード操作（メモリ内の変数の内容をレジスタに持ってくる操作），ストア操作（レジスタ内の内容をメモリに格納する操作），レジスタ間での四則演算などがある．通常のC言語でどのようなコードを書くかと言うことをイメージするとよい．例で挙げたCS部屋の出入り口の表札はフラグと表記し，計算機の中では変数に対応する．また，この変数は論理変数（ブーリアン変数，値はTRUE（使用中表示に対応），FALSE（空き表示に対応）の2値とする．ここでは，CS部屋に入りたい人はその最少人数である2人（プロセス数は2でプロセス P_0，P_1 とする）に限定した場合を示す．なお，後述するハードウェア支援の特別なマシン命令を用いた場合は，一般の N 人でも適用できる．

下記に実現方法に向けた解決方法を考えてみる．

(1)　解決方法への試み

CS部屋の例で述べたように，下記の制御方法が素直に浮かんでくる．

- CS部屋の出入り口の表札を見て（変数への読出し），空き表示（FALSE）になっていれば，裏返して（変数への書込み）使用中表示（TRUE）にする．
- 使用中表示になっていれば，空き表示になるまで出入り口で待つ．
- CS部屋にいる人は，出るときに空き表示（FALSE）にする．

下記にその疑似コードを示す．

○ **入口制御コード**：

```
If(フラグが FALSE)  ···(1)
  then(フラグを TRUE に書き換えた後，CS 部屋に入る)  ···(2)
  else(フラグが FALSE になるまで CS 部屋の前で待つ)
```

○ **出口制御コード**：フラグを TRUE に書き換える．

プロセスを2つ（P_0，P_1）としたフローチャートを図7.5に示す．

なお，上記の制御コードはクリティカルセクション問題を解決できない．なぜなら，下記の実行系列が生じるからである．

- プロセス P_0 は上記コード(1)を実行し，フラグが空き表示であることを確認した（図7.5の判断①）．この後，何がしかの理由（スケジューリングでタイムスライスを使い切った，あるいはページフォールトが生じたなどの理由）で，上記コード(1)と(2)の間で中断した．フラグはまだ空き表示のままである．

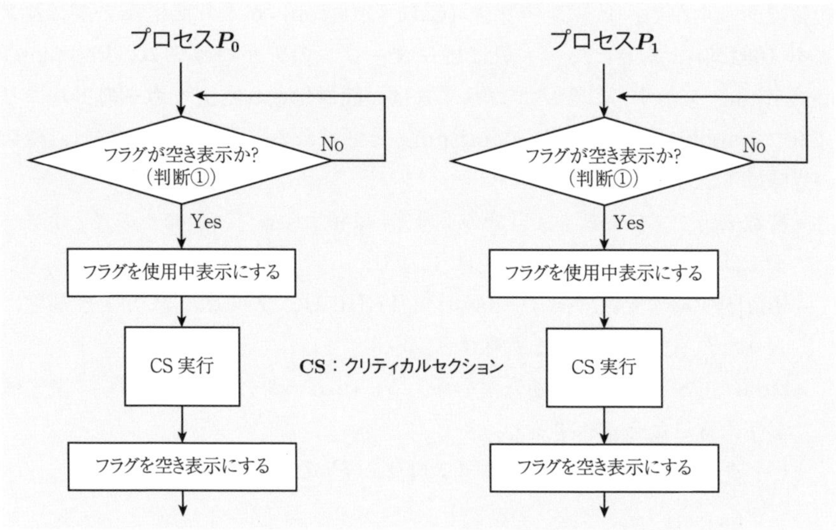

図7.5 クリティカルセクション問題への解決の試み

- この後，たまたまプロセス P_1 が起動された．プロセス P_1 は上記コード (1) を実行した後（判断①），フラグがまだ空き表示になっているので CS 部屋に入る．
- さらにその後，中断したプロセス P_0 が中断前にフラグが空き表示であることを確認したので中断時点の上記コード (2) を実行し，CS 部屋に入る．

上記の系列は， CS 部屋にプロセス P_0，P_1 が同時に入ることになり相互排除の条件を満足していない．

なお，その他のいくつかの試みも考えられるがうまくいかない．読者も考えて欲しい（演習問題）．

(2) 正しい解決方法：ピーターソンのアルゴリズム

読者はクリティカルセクション問題の制御方法を考えたとき，プロセス数が最小数である 2 の場合でも，意外と難しいと思っているかもしれない．CS 部屋に同時に入れる数を 1 にすると言う一見単純そうにみえる問題なのにである．

正しい解決方法はまず 1965 年にデッカー（T.J. Dekker）が考案したが，そのアルゴリズム（**デッカーのアルゴリズム**（Dekker's algorithm)）は若干複雑であったため，ピーターソン（G.L. Peterson）がより簡単なアルゴリズムを 1981 年に考案した．下記に**ピーターソンのアルゴリズム**（Peterson's algorithm）を示す．このアルゴリズムは，**簡単化されたデッカーのアルゴリズム**（simplified's Dekker's algorithm）と呼ばれることもある．なお，変数の意味は下記である．

- **変数 $\boldsymbol{i}$, $\boldsymbol{j}$**：プロセス i は自分の番号，j は相手の番号．プロセス P_0 のコードでは $i=0$，$j=1$（$=1-i$）になる．
- **flag[$\boldsymbol{i}$]**：論理変数であり，flag[i] = TRUE は，プロセス P_i が CS 部屋に入りたがっていることを意味する．
- **turn**：CS 部屋に入る優先権を与える．turn = 1 はプロセス P_1 に優先権を与えることを意味する．

○ **ピーターソンのアルゴリズム（プロセス $\boldsymbol{P_i}$ の処理）**

```
for(;;){
    flag[i] := TRUE;
    turn := j;
    while(flag[j] and turn = j){};
    /∗ while 文の条件式が真である限りループを繰り返す ∗/
        （CS 部屋に入る）クリティカルセクションの実行
    flag[i] := FALSE;
}
```

上記のアルゴリズムのフローチャートを図7.6 に示すが，その制御イメージは下記である．

- 一枚のカルタ（カード）がある．
- まず，自分が CS 部屋に入りたいことを，flag[i] := TRUE により宣言する．
- その後でカルタに手を付く．
- 相手も CS 部屋に入りたいと宣言している場合，カルタに早く手を付いた方が CS 部屋に入れる．なお，上記で turn := j のコードはロード／ストアアーキテクチャでは複数のマシン命令に分解され，このコードはクリティカルセクションになっていないので交じり合って実行される可能性がある．すなわち，プロセス P_0 の turn := 1 と P_1 の turn := 0 が交じり

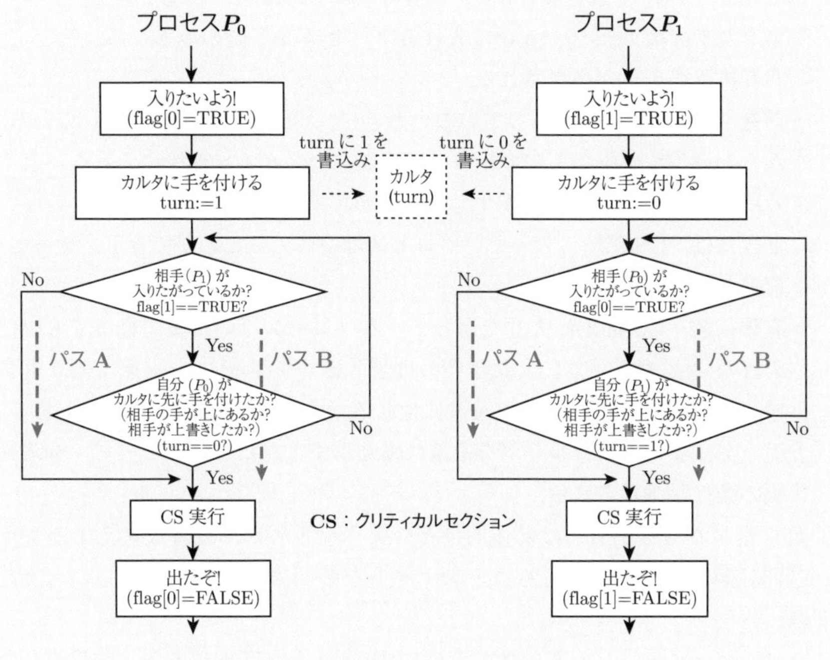

図7.6　ピーターソンのアルゴリズム

合って実行される可能性がある．カルタに早く手を付くとは，分解された最後のマシン命令となるレジスタからメモリ内の変数（カルタ）への書込みの命令の実行が早いことを意味する．

- CS 部屋を出るときに出たことを flag[i] := FALSE により通知する．

ピーターソンのアルゴリズムの証明の概要を述べる．まず，重要なことはカルタには一度しか手を付けていないこと（変数 turn への書込み）である．これに注意して欲しい．証明方法として背理法を用いる．

- **相互排除**：同時に 2 つのプロセス P_0，P_1 が CS 部屋に入っているとする．このとき，プロセスの入り方（**図7.6** のパス A，パス B）を考えるとある矛盾が生じる．従って，2 つのプロセスは同時にはクリティカルセクションには入れない．なお，このことは上記（同時に入れる）の否定をとっているので，クリティカルセクションに入れるのは 1 つか，あるいはどちらも入れないことを意味するが，後者は条件である次の前進が保証されるのでクリティカルセクションに入れるプロセスは 1 つのみとなる．従って，相互排除の条件が満足される．

- **前進**：CS 部屋に誰も入っていないときに，CS 部屋に入ろうとしている，あるいは CS 部屋の入口で待っているプロセスが CS 部屋に入れないとする．このとき，ある矛盾が生じる．従って，CS 部屋に誰も入っていないときには，CS 部屋に入りたいプロセスは中に入ることができる．従って，前進の条件が満足される．
- **有限待機**：CS 部屋に入りたがっているプロセスはいつまで経っても中に入れないとする．中に入れないのは**図7.6** 中のループを永遠に繰り返す場合である．このループが永遠に生じるかを考えるとある矛盾が生じる．従って，プロセスはループを永遠に繰り返すことはない．従って，有限待機の条件が満足される．

上記で述べるある矛盾とは具体的にどのような矛盾か，読者は考えてみよう（演習問題）．また，読者はもっとスマートな証明方法を考えて欲しい（演習問題）．

なお，ピーターソンのアルゴリズムの別表記として下記がある．前述のものとの違いは，前述は turn $= j$（j は相手プロセスの番号）としているのに対し，下記は turn $= i$（i は自分プロセスの番号）としていることである．下記のアルゴリズムでも上述した論理と同じである．読者は，なぜ下記のアルゴリズムでもよいかを考えよう（演習問題）．

○ **ピーターソンのアルゴリズム（プロセス P_i の処理）の別の表記法**

```
for(;;){
    flag[i] := TRUE;
    turn := i;
    while(flag[j] and turn := i){};
    /* while 文の条件式が真である限りループを繰り返す */
        （CS 部屋に入る）クリティカルセクションの実行
    flag[i] := FALSE;
}
```

なお上記の表記法で，i を process または self, j を other, flag[] を interested[]

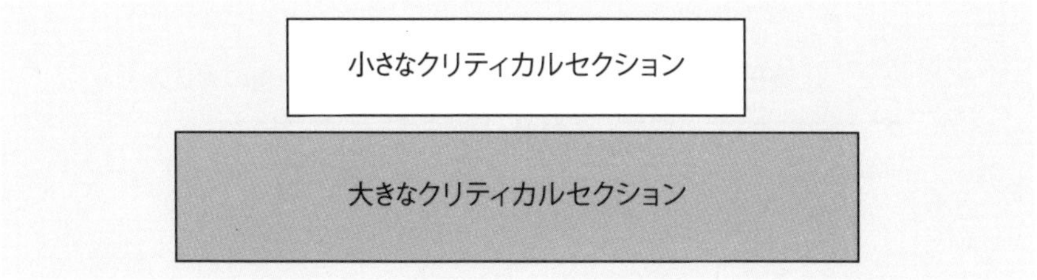

図7.7　大きなクリティカルセクション（CS）を小さなクリティカルセクションで制御する

と表記している場合もある．

また，プロセス数が 2 ではなく，より一般的に任意の数のプロセス数 N としたアルゴリズムとして，ランポート（L. Lamport）が 1974 年に提案した**パン屋アルゴリズム**（bakery algorithm）がある．

7.2.4　ハードウェア支援による特別なマシン命令を用いた解決方法

上述したように，通常のマシン命令は 1 つの命令で 1 つの操作を実行する．ほとんどのプロセッサでは，1 つのマシン命令で複数の操作（通常は読出しと書込みの 2 つの操作）を行う特別なマシン命令を提供している．このマシン命令を使えば，クリティカルセクション制御は簡単になる．この代表として，下記のテスト アンド セット命令，スワップ命令などがある．

まず，このマシン命令の重要な性質について述べ，その後，各々のマシン命令を述べる．

(1)　特別なマシン命令の性質

重要なことは，2 つの操作の間に割込みが入らずに不可分（アトミック）で実行されることがハードウェアで保証されていることである．すなわち，この 2 つの操作自体がクリティカルセクションになっていることである．これは図7.7 に示すように，大きなクリティカルセクションを制御する際に小さなクリティカルセクションで制御できることを意味している．

(2)　テスト アンド セット命令（Test & Set 命令，T & S）

図7.8 に示すように，変数を 1 つ指定しその変数を読み出した（操作①）後，ある決められた値（値はプロセッサによって異なる）を書き込む（操作②）命令である．この命令で重要なことは，操作①と②の間には割込みが入らないこ

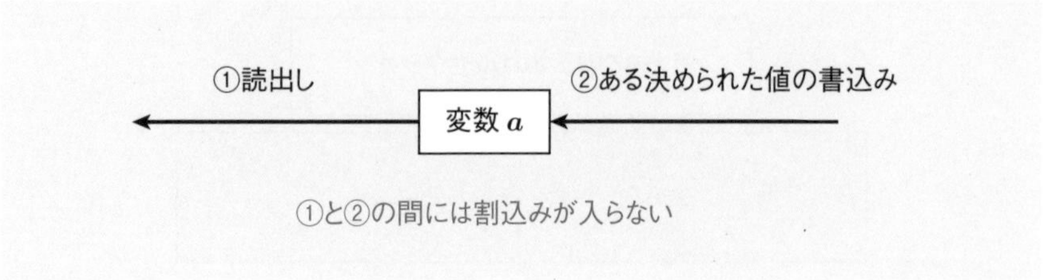

図7.8　テスト アンド セット命令

とがハードウェアで保証されていることである．言い換えれば，操作①と②の操作全体がクリティカルセクションになることがハードウェアで保証されていることである．

なお，1つのマシン命令で複数の操作（読出しと書込み）を不可分（アトミック）に行うことを，一般的には **read-modify-write 命令**と呼ぶ．また実際のプロセッサのマシン命令では，T&S 命令とは呼ばずに atomic ○○○命令と呼ばれていることが多い．自分の PC で調べてみよう．

上記は CS 部屋の入口の表札の例で言うと，使用中表示はプロセッサで決められたある値，空き表示はその他の値に対応させればよい．また，この表札の操作（見る操作と書き換える操作の一連の操作）が，論理的には一瞬のうち，すなわち時間ゼロで行うと言うイメージである．

T&S 命令を用いれば，クリティカルセクションの制御は下記となる．ここでは，指定する変数 a は論理変数とし，ある決められた値を TRUE，それ以外の値を FALSE とする．表札が変数 a に対応する．

- **入口制御コード**：

    If（T&S(a) を実行し，その返り値の a が FALSE）
        then（クリティカルセクションに入る）；
        /* このとき変数 a は（イメージ的には）一瞬にして TRUE になる */
        else（変数 a が FALSE になるまで待つ）

  実際のコードは，

    while(T&S(a)){};

  である．

- **出口制御コード**：変数 a を FALSE に書き換える．すなわち $a :=$ FALSE

とする．

T&S 命令で重要なことは T&S を関数として実現してもダメなことである．もし，関数で実現するのであれば関数をクリティカルセクションで実現しなければならない．関数に入るときに割込み禁止命令，出るときに割込み解除命令を用いる方法があるが，割込み禁止命令は特権命令なのでユーザには使えない．例えば，前述のピーターソンのアルゴリズムを使用して，関数自体のクリティカルセクションを保証しないといけない．

なお，T&S 命令の名前の由来は指定された変数 a が書込み値と同じか否かをチェック（テストする）し，異なる値であれば書込み（セットする），同じ値であれば書込みしないことに由来していると考えられる．同じ値かどうかチェックするマシン命令を挿入することになり，その分オーバヘッドとなるので，現在ではチェックせずに無条件に上書きしている．

(3)　スワップ命令

上記の T&S 命令の他に**スワップ命令**（swap 命令）（**exchange 命令**と呼ぶこともある）がある．図7.9 に示すように，2 つの変数を引数にしてこれらの値を交換する命令である．これを用いてもクリティカルセクション制御を実現できる．また，交換する値を TRUE にしておけば，上記の T&S 命令と同様に実現できる．

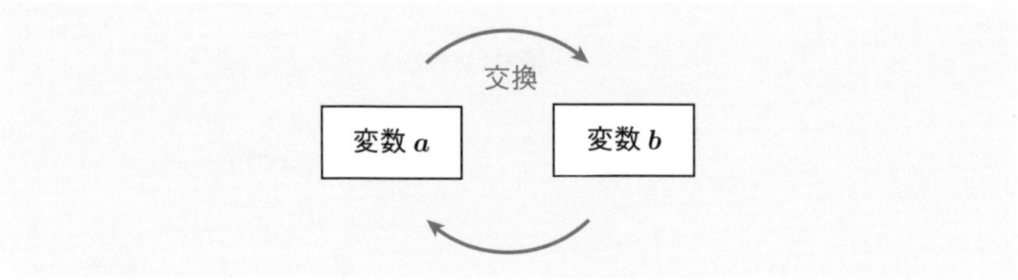

図7.9　スワップ命令

7.3 同 期 機 構

同期機構として便利な，セマフォ，モニタを説明する．

7.3.1 セ マ フ ォ

クリティカルセクションを制御するための仕組み，機構があれば便利である．この機構の 1 つとして，ダイクストラ（E.W. Dijkstra）が 1965 年に考案した**セマフォ**（semaphore）がある．semaphore を調べると腕木と言う訳語がある．腕木とは，鉄道の単線で駅と駅の間を制御する道具である．図7.10 に示すように，駅と駅の間には 1 つの列車しか入れないように制御するのが腕木（今で言う信号機）である．言い換えれば，駅間の単線がクリティカルセクションとなる．腕木は上下に動かすことができ，上になっていれば侵入してはいけない（信号が赤），下であれば侵入してもよいこと（信号が青）を意味する（この他に単線を制御する方法としてトークンの引き渡しの方法もある）．

同期機構としてのセマフォは待てを意味する命令（**P 命令**，英語では wait 命令とも呼ばれる）と，進んでよいことを通知する命令（**V 命令**，英語では signal 命令とも呼ばれる）の 2 つの命令からなる．P 命令，V 命令の由来はダイクストラがオランダ人だったので，オランダ語の proberen（テストする），

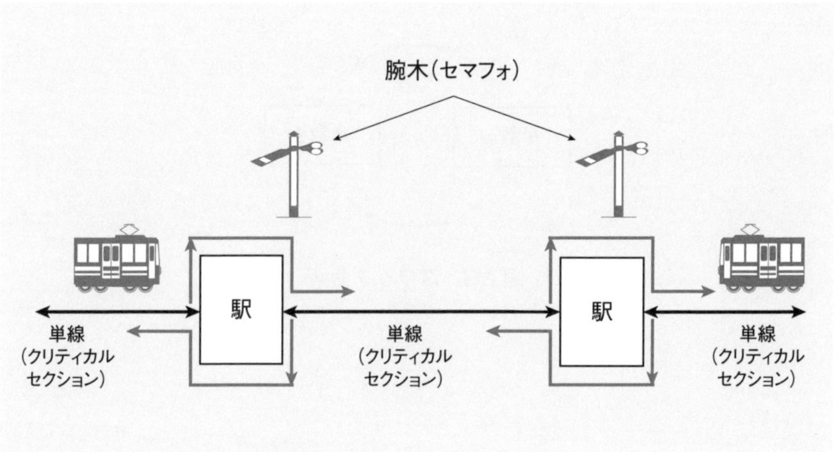

図7.10　セマフォのイメージ

verhogen（増加する）の各々の頭文字をとったものである．なお他の説も存在する．

(1) P，V 命令の古典的定義

S：セマフォ（あるいはセマフォ変数）と呼ぶ．

○ **P 命令**

$P(S)$：
　　if($S \leq 0$)
　　　　then（上記の if の判断を繰り返す）
　　　　else($S := S - 1;$)

○ **V 命令**

$V(S)$：
　　$S := S + 1$;

上記の P 命令，V 命令は各々不可分，すなわちクリティカルセクションとして実行しなければならない．セマフォは通常 OS がシステムコールの形で提供する．図7.11 に使用方法を示す．なお S の初期値は 1 である．

上記の古典的な実現方法では，P 命令の if 文のコードでプロセッサがいつもチェックしている．すなわち，繁忙待機（busy waiting）になり無駄にプロセッサを浪費すると言う問題が生じる．そこで，現在はプロセッサを浪費せずに済む下記の定義となっている．

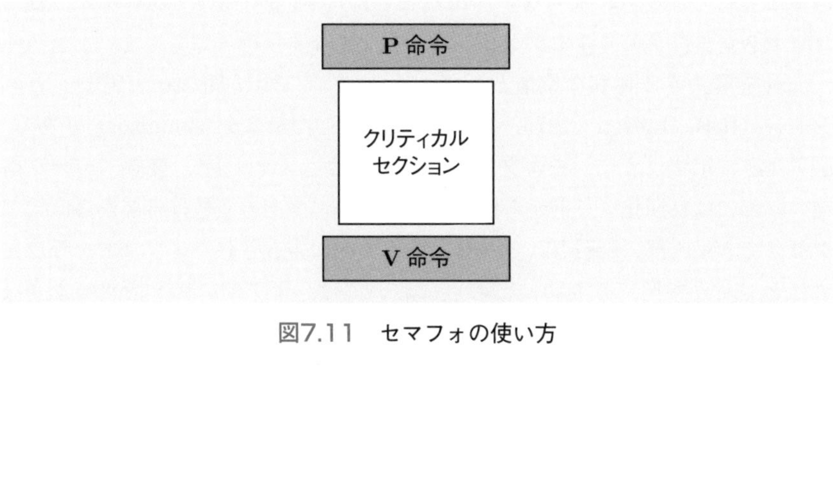

図7.11　セマフォの使い方

(2)　P，V 命令の現代の定義

○ **P 命令**：

$P(S)$：
　　$S := S - 1$;
　　if $S < 0$ {
　　　　そのプロセスをサスペンドして，S に対応したキューに繋ぐ．
　　}

○ **V 命令**：

$V(S)$：
　　$S := S + 1$;
　　if $S \leq 0$ {
　　　　キューの先頭にあるプロセスを起こす．
　　}

$S \leq 0$ のとき，$|S|$ が待ちプロセス数を表す．なお，セマフォには多様な種類がある．また，クリティカルセクションの制御だけではなく，複数プロセス間の同期機構にも使われる．

7.3.2　モ　ニ　タ

セマフォはクリティカルセクション制御およびプロセス間同期のための便利な機構であるが，クリティカルセクションに入るときに P 命令，出るときに V 命令を発行しなければならない．出るときに V 命令の発行を忘れると，他のプロセスがクリティカルセクションに入れなくなる．

これを解決する便利な機構として，ホーア（C.A.R. Hoare（1974））とハンセン（R.B. Hansen（1973，1975））が提案した**モニタ**（monitor）がある．図7.12 に示すように，モニタは手続き／関数（メソッド），変数，データ構造，一部には初期化コードから構成される．モニタ内の変数は外部から直接アクセスできず内部に隠蔽《いんぺい》されており，モニタ内に定義されたメソッドを呼び出すことでしか参照できない．この点においては，オブジェクト指向のようなデータ抽象型に似ている．モニタは排他制御される．すなわち，モニタに同時に入れるのは高々 1 つのプロセスである．1 つのプロセスがモニタに入っているとき，モニタを呼び出したプロセスは待たされることになる．モニタに入る

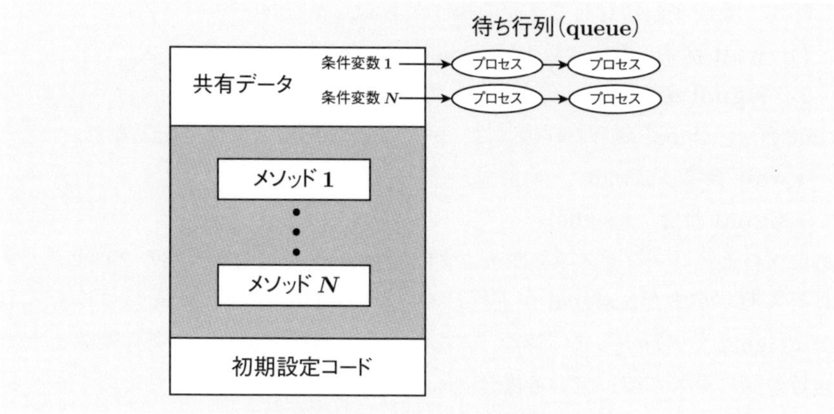

図7.12 モニタの構造

ときロックし，出るときにアンロックすると言うイメージである．このモニタ自体が排他制御される点がデータ抽象型と異なる点である．

モニタはプログラミング言語で使用される構造体であり，排他制御の実現はコンパイラが行う．すなわち言語仕様にモニタが定義され，コンパイラがチェックすることになる．なお，Java が提供している synchronized メソッドはこの仕様の影響を受けたと思われ，類似の機能を提供している（正確には若干異なるが）．

モニタの例として共有変数（変数 a）を $+1$，-1 するモニタの疑似コードは下記となる．

```
monitor example {
    int a;
    increment(){a := a + 1;}
    decrement(){a := a − 1;}
}
```

モニタの中では，ある条件で待ちたい場合がある．例えば，後述する生産者／消費者問題で，生産者に対しては生産したものをバッファに入れるだけの空き（すなわちバッファが満杯ではない）ができるまで待つ，消費者に対しては消費するものがバッファにある（すなわちバッファが空ではない）まで待つとかである．モニタに入るためのこの条件を**条件変数**（conditional variable）

と呼ぶ．条件変数に対して下記の操作がある．

1) **wait 命令**: 条件変数上で signal が発行されるまで待つ．

2) **signal 命令**: wait 命令で待っているプロセスを起こす．

wait 命令，signal 命令の呼出しは，例えば条件変数 x では下記となる．

- **wait 命令**：x.wait
- **signal 命令**：x.signal

あるプロセス（プロセス A）がモニタ内で x.wait を発行し，他のプロセス（プロセス B）がまだ x.signal が実行していなければ，プロセス A はプロセス B が x.signal を実行するまで待つ，すなわちサスペンドされる．条件変数 x 上で複数のプロセスが待っている場合，x.signal が発行されたらその中の 1 つを起こすことになるが，どれを起こすかはコンパイラ依存である．例えば先着順などがある．

下記に，生産者／消費者問題の擬似コードを示す．なお，ここで，N はバッファサイス，count はバッファに生産物が入っている数，条件変数 full はバッファが一杯，empty はバッファが空であることを示す．

```
Monitor Producer_Consumer{
    int count = 0 ;   /* count：バッファ内に入っているものの数 */
    Cond full, empty;   /* 条件変数 */
    Producer(){   /* 生産者 */
        If (count > N) then full.wait   /* バッファが満杯なら待つ */
            else{   /* バッファ内に空きがある */
                生産したものをバッファに入れる;
                生産したものの最後を指すポインタを +1 する;
                count := count + 1;
                /* バッファ内に入っている数を +1 する */
                empty.signal;   /* バッファにものを入れたことを通知 */
            }
    }
    Consumer(){   /* 消費者 */
        If (count == 0) then empty.wait   /* バッファが空であれば待つ */
            else{   /* バッファ内にものが入っている */
                消費するものをバッファから取り出す;
```

```
                消費したものの最初を指すポインタを +1 する;
                count := count − 1;  /* バッファ内の数を −1 する */
                full.signal;  /* バッファに空きができたことを通知 */
            }
        }
    }
```

なお，x.wait で待ちに入っていたプロセス（プロセス A）がプロセス B が発行した x.signal によって起こされた場合，プロセス A，B のどちらも実行できるが，モニタ内は排他制御なので同時にはどちらか一方しか実行できない．このとき下記の 2 つの選択肢がある．

1) プロセス A を優先して実行し，プロセス B をサスペンドさせる．
2) プロセス B を優先して実行し，プロセス B がモニタから出るか，他条件で待つことになった後，プロセス A を実行する．すなわち，singal を発行したプロセスを優先して続行させる．

また，wait で待っている複数のプロセスをある基準に従って起こしたい場合，wait(eval) と変数を指定する仕様もある．eval の値はモニタ内の関数／メソッドへの引数の形で渡される．eval の値の小さいプロセスから起こされる．

7.4　古典的プロセス協調問題

複数のプロセスが協調して仕事する問題である．下記に古典的な問題（生産者／消費者問題，読み書き問題，哲学者の食事問題）を示す．この問題はある同期機構を提案したときに，その同期機構がうまく働くかを試すための例題として使われることが多い．この他にも居眠りする床屋問題（sleeping barber problem）などがある．

ここではそれぞれの問題のみを述べる．具体的な解決法，疑似コードは読者が考えることを勧める．

7.4.1　生産者／消費者問題

生産者／消費者問題（producer-consumer problem）は，図7.13に示すように，ものを生産する生産者（producer），それを消費する消費者（consumer）がいる．生産者は倉庫にものを入れ，消費者は倉庫にある生産物を取り出して消費する．この倉庫として有限バッファ／リングバッファを考えるので，**有限バッファ問題**（bounded-buffer problem）とも呼ぶ．この動きを実現するときに，生産者，消費者それぞれは下記を考える必要がある．

- **生産者**：バッファが一杯のとき，バッファにものを入れてはいけない．
- **消費者**：バッファが空のとき，バッファからものを取ってきてはいけない．

上記を実現するためには，まずバッファが一杯かどうかを判断する仕組みが必要である．また，生産者はどこにものを入れたらよいかを示す格納ポインタ，消費者はどこからものを取り出したらよいかを示す取出しポインタが必要である．格納ポインタ／取出しポインタは各々格納／取出しの後各ポインタを更新

図7.13　生産者／消費者問題

する必要がある．更新する際はこれらの更新操作をクリティカルセクションとして実現する必要がある．

7.4.2 読み書き問題

読み書き問題（リーダ／ライタ問題，readers-writers problem）は，図7.14に示すようにある1つのデータファイルに読み書きすることを対象とした問題である．ここでは読出しのみを行うプロセスをリーダ（reader），書込みを行うプロセスをライタ（writer）と呼ぶ．守るべきことは，下記のようにこのデータファイル内のデータに一貫性を保つことである．

- リーダがデータファイルに入って読出し操作を行っている最中は，リーダは入ってはならない．そうしないとデータファイルの一貫性が破壊されるためである．リーダは複数が入ることができる．
- ライタは，データファイルに誰も入っていないときのみ入ることができる．無論，複数のライタが同時に入ることはできない．

データファイルで読み書きのために複数のリーダ／ライタが待つことになるが，データファイルに入ってよい条件が揃ったときに待っているリーダ／ライタのどちらを優先させるかで下記の2つの種類がある．

- **第一種読み書き問題（the first readers-writers problem）**：待っているリーダを優先させて入れる．

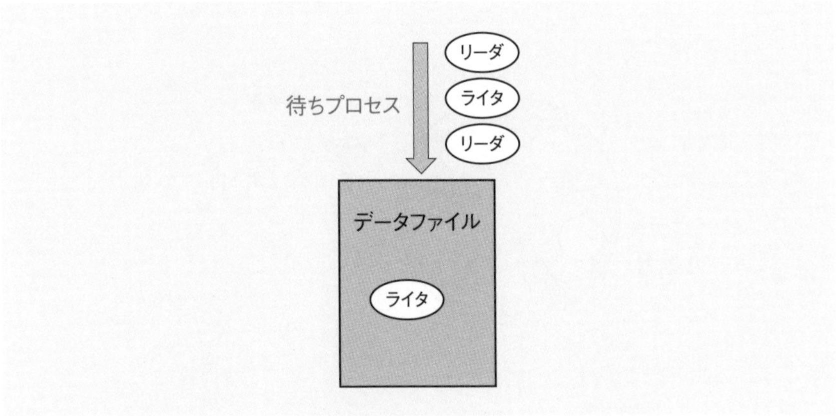

図7.14　読み書き問題（リーダ／ライタ問題）

- **第二種読み書き問題（the second readers-writers problem）**：待っているライタを優先させて入れる.

7.4.3　哲学者の食事問題

哲学者の食事問題（dinning philosophers problem）は，図7.15に示すように円形のテーブルに椅子が5つあり5人の哲学者が座っている状況の問題である．哲学者の前には皿があり，スパゲッティが載っている．また，皿の両脇には各々（2本一組ではなく）1本の箸がある．このとき哲学者は下記の動作を繰り返す.

- 哲学者は皿の前で思考にふける．その後空腹のためスパゲッティを食べようと，両脇にある1本ずつの箸の計2本を取り上げてその箸で食事する.
- 食事が終われば，箸を元の場所に置き思考にふける．この動作を繰り返す．なお，スパゲッティを食べるのに箸を使うと言うのは若干違和感を覚えるが，ここでは無視する.

哲学者の動作を記述しようとして下記の記述をしたとき，問題が発生する.

- 哲学者は，スパゲッティを食べようと思ってまず右の箸を取り上げ，その後左の箸を取り上げる.
- 上記の動作を5人の哲学者が同時に行うと，右の箸を取り上げた後，左の箸を取り上げようと思ったら左の箸はすでの隣の哲学者によって取り上げられている．5人の哲学者が全員両端の箸を確保することができず，前に

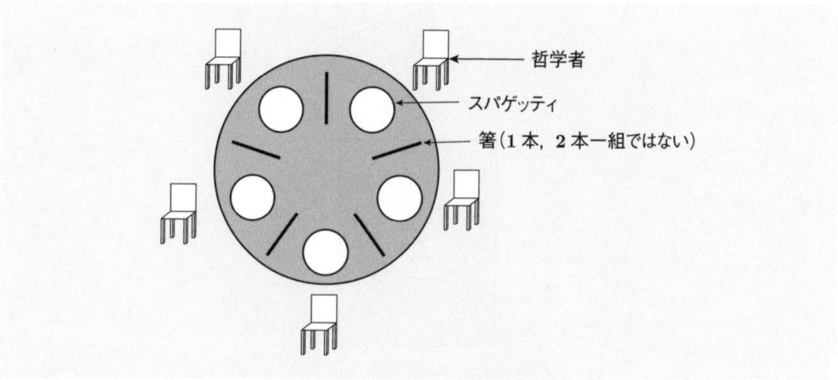

図7.15　哲学者の食事問題

進めない状態が発生する．この状態をデッドロックと呼び，後述する 9 章で述べる．

上記を解決するためには，下記の方法が考えられる．

- 非対称な解にする：哲学者に番号をつけて，両端の箸を取り上げるときに，例えば偶数番号の哲学者は左の箸から，奇数番号の哲学者は右の箸から取り上げるようにする．
- 片一方の箸を取り上げた後もう一方の箸を取り上げられなかった場合は，取り上げた一方の箸を解放する．
- 両端の箸の取り上げをクリティカルセクションにする．
- 変わった方法として 4 人しか座らせないようにする方法もある．

上記の解決方法でも下記の問題が生じる．

- 飢餓状態（starvation）の問題が生じる．すなわち，スパゲッティを食べようと思っている哲学者がいつまで経っても食べられないで餓死する状況が発生する．

7章の問題

□**7.1**　3つのプロセスと各プロセス間で共有する変数 count（初期値は 0）がある．共有変数 counter を +1 する操作を各プロセスが相互排除なしに 1 回ずつ行うとする．このとき，3つのプロセスの実行終了後に count はどのような値になっているか，考えられる可能性を全て列挙せよ．但し，+1 する操作はレジスタを介して行うものとする（ロード／ストアアーキテクチャ）．

□**7.2**　2つのプロセスが，ダブルリンクのリストを共有しているとする．リストへの操作はリスト内にある箇所に項目を追加する，あるいはリスト内にある項目を削除する，の 2 つの操作を行う．この追加，削除するためにはポインタの張替えが必要となる．この操作はクリティカルセクションとして実行しなければならない．なぜか，理由を述べよ．

□**7.3**　クリティカルセクション問題で，本章で説明した共有変数への読み書き，共有するリストへのポインタの張替えの他にどのような例があるか，考えよ．

□**7.4**　プロセス数が 2 のとき（プロセス P_0，P_1）のクリティカルセクション問題を解決しようと思い，次のアルゴリズムを考えた．ここで，$i = 0, 1$，$j = 1 - i$，flag[]：ブーリアン変数（初期値：flag[0] = flag[1] = FALSE;）である．下記は，プロセス P_i のコードである．

- **入口制御コード**

    flag[*i*] := TRUE;
    while(flag[*j*] == TRUE) {};

- **出口制御コード**

    flag[*i*] := FALSE;

次の問題に答えよ．

(a)　クリティカルセクション問題の解に要請すべき 3 つの条件を述べよ．

(b)　上記のアルゴリズムはクリティカルセクション問題を正しく解決するか否か．また，その理由を述べよ．

□**7.5**　ハードウェアがサポートしている次のマシン命令をそれぞれ用いて，クリティカルセクション問題を解決する疑似コードを書け．また，記述した疑似コードは有限待機の要請は満足するか否かを述べ，さらにその理由も述べよ．

(a)　テスト アンド セット：T&S(lock)

(b) スワップ命令：swap(lock, key)

□**7.6** 自分の PC のプロセッサにおいて，ハードウェアサポートの不可分命令を具体的に調べよ．

□**7.7** 古典的協調問題の下記のそれぞれに関して，同期機構（セマフォ，モニタ，あるいは他のものでもよい）を用いた解決方法の疑似コードを示せ．

(a) 生産者／消費者問題

(b) リーダ／ライタ問題

(c) 哲学者の食事問題

□**7.8** クリティカルセクション問題で，ピーターソンのアルゴリズムに関して下記の問に答えよ．

(a) 本章で説明した背理法を用いる証明方法で，どのような矛盾があるかは示していない．どのような矛盾があるか，具体的に述べよ．

(b) 本書で述べた証明方法以外の他の証明方法を考案せよ．できれば，もっとスマートな証明方法が望ましい．

□**7.9** クリティカルセクション問題で，ピーターソンのアルゴリズムとして，turn $= j$ （j は相手の番号）ではなく，turn $= i$ （i は自分の番号）としているものがあることを述べた．この方法でもよいことを証明せよ．

□**7.10** セマフォ，モニタの他に同期機構を提案せよ．またその提案機構を使って，古典的協調問題が記述できるか調べよ．

第8章

保　護

計算機は，ファイルなどのソフトウェア資源，プリンタなどのハードウェア資源の計算機資源から構成されている．また，これらの計算機資源を使用する複数のユーザがいる．ユーザもできれば区別できた方がユーザ自身にとっても何かと都合がよい．従って，OS は区別されたユーザに対して，どのような使用方法（アクセス方法）を許可するかの機構／サービスを提供する，すなわち保護機構やアクセス制御方法を提供する必要がある．本章ではこの保護機構とアクセス制御について述べる．

8.1 保護するレベル

保護するレベルとしては下記がある．

(1) プログラム同士をお互いから守る

1) **OS プログラムをユーザプログラムから守る**：これまで述べてきたように，古くはメモリ領域に格納されている OS プログラムとユーザプログラムの格納領域にそれらを分離する目印（境界レジスタ）を設ける方法があった．近年では，OS 空間とユーザ空間を分離する手法が採用されている．すなわち，OS プログラムが走る空間（カーネル空間，特権モード）とユーザプログラムが走る空間（ユーザ空間，非特権モード）に分離して保護する方法である．この区別は，プログラム状態語（PSW）内の対応するビットにより，ハードウェアが判断している．また，OS しか使えないマシン命令がある．これを特権命令（特権モードでしか使えない命令）と呼ぶ．例えば，入出力命令，割込み禁止命令がある．

2) **ユーザプログラム同士をお互いから守る**：仮想メモリ機構の提供により，ユーザプログラムごとに仮想アドレス空間を設ける方法である．

(2) 計算機資源へのアクセスを制御する

ソフトウェア，ハードウェアの計算機資源の構成要素をユーザごと，あるいはある基準に沿ったユーザグループにそのアクセスを制御する．例えば，ファイル 1 に対しては，ユーザ A には読み書きアクセス，ユーザ B には読出しアクセスのみを許すようにするとかの制御である．

8.2 アクセス制御

8.2.1 アクセス制御行列

計算機では多様なプログラムが動いており，それらのプログラムからハードウェア，ソフトウェアの計算機資源を守ることが必要である．例えば，下記がある．

- 複数ユーザがいる場合，あるユーザが作成したファイルは異なるユーザにはアクセスできないようにしたい．またはアクセス方法を例えば，読出しのみに制限したい．
- 計算機がシングルユーザ環境であっても，当該ユーザが作成したファイルでもファイルごとにアクセス方法の種類を決めたい．

上記のアクセスとして，読出しのみ，読み書き，コードであれば実行，周辺装置のプリンタでは印刷などの種類がある．

上記は，要は「誰が」,「何に」対して,「どのような操作を」許可するか？，と言うことである．

○**「誰が」に対して**：通常ユーザが該当する．これを領域（ドメイン）と一般化した概念もある．ドメインは例えば下記と考えることができる．

- 各ユーザを各ドメインに対応させる．すなわち，ユーザ A はドメイン 1，ユーザ B はドメイン 2 などである．
- 各プロセスを各ドメインに対応させる．すなわち，プロセス A はドメイン 1，プロセス B はドメイン 2 などである．
- プロセス内の各手続きを各ドメインに対応させる．すなわち，手続き A はドメイン 1，手続き B はドメイン 2 などである．

上記でドメインへの対応関係の数はユーザ，プロセス，手続きの順で多くなる．なお，「誰が」に対応する言葉として，本書では**サブジェクト**（主体）と呼ぶ．

○**「何に」対して**：計算機資源はソフトウェアとハードウェアからなる．典型的にはソフトウェアはファイルであり，ハードウェアではプリンタ，ネットワークなどがある．本書では**オブジェクト**（対象）と呼ぶ．

○**「どのような操作を」に対して**：操作としてはファイルに対しては読出しのみ，読み書き，実行があり，ハードウェア資源のプリンタであれば印刷

表8.1 アクセス制御行列の例

サブジェクト＼オブジェクト	F_1	F_2	F_3	F_4	プリンタ
S_1		X	RW	R	
S_2	RW			R	印刷
S_3	R		R	RW	
S_4		X		R	印刷

F_i：ファイル i，S_i：サブジェクト i，R：読出しのみ，RW：読み書き，X：実行

表8.2 アクセス制御行列のスイッチの例

サブジェクト＼オブジェクト	F_1	F_2	F_3	F_4	プリンタ	管理者	S_2
S_1		X	RW	R			
S_2	RW			R	印刷	スイッチ	
S_3	R		R	RW			
S_4		X		R	印刷		
管理者	RW	RW X	RW	RW	印刷		スイッチ

S_2：ユーザ A

がある．

上記は，**表8.1** の例で示すように，行列の形で表現した方が分かりやすい．この行列を**アクセス制御行列**（access control matrix）と呼ぶ．アクセス制御行列は，行はサブジェクト，列はオブジェクト，項目が操作となる．サブジェクト S_i，オブジェクト O_j に対する (i, j) がアクセス権を表現することになる．表では，サブジェクト S_3 はオブジェクトのファイル F_1，F_3 に対して読出しのみ（R），F_4 に対しては読み書き（RW）を許可している．さらに，あるユーザ A を管理者としたい場合がある．これを表現するためには，操作として「なりかわる」と言うあらたな操作（スイッチと呼んでおく）を追加すればよい．**表8.2** に例を示す．表の例ではユーザ A はサブジェクト S_2 としている．

アクセス制御行列は，多くの項目が空となる疎行列になることが多い．サブジェクトの数，オブジェクトの数が少なければそれでもよいが，PC でもこれらの数が数十から数百にのぼり，さらにサーバ，スパコンでは膨大な数となる．そこで，アクセス制御行列のサイズを小さくしておくことが重要である．行列

ケーパビリティリスト
（行ごとに切る）

アクセス制御リスト
（列ごとに切る）

サブジェクト＼オブジェクト	F_1	F_2	F_3	F_4	プリンタ	管理者	S_2
S_1		X	RW	R			
S_2	RW			R	印刷	スイッチ	
S_3	R		R	RW			
S_4		X		R	印刷		
管理者	RW	RW X	RW	RW	印刷		スイッチ

図8.1　アクセス制御行列とアクセス制御リスト，ケーパビリティリストとの関係

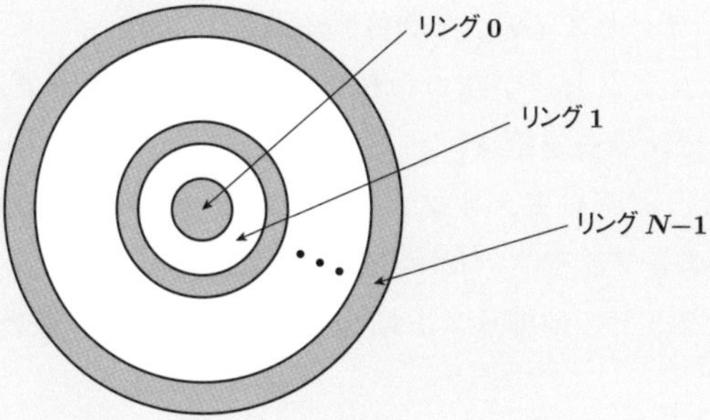

図8.2　**Multics OS** のリング構造

を列ごとに区切るか，行ごとに区切るかの 2 つの方法がある．図8.1 に示すように，列ごとに区切って管理する方法とそのリストをアクセス制御リストと呼ぶ．行ごとに区切って管理する方法とリストをケーパビリティリストと呼ぶ．

なお，Multics OS では保護に関して異なる機構を提案した．図8.2 に示すようなリング構造である．リングは番号付けされ，各リングにアクセスの種類が記述されており，1 つの領域（ドメイン）に対応する．リングの内から $0, 1, \ldots$ となり，あるリングではそれからの外側のリングのアクセス権を含んでいる．リング 0 が最も強力なアクセス権となる．

8.2.2 アクセス制御リスト

アクセス制御リスト（ACL, Access Control List）は，アクセス制御行列を列ごとに区切って管理するリストである．アクセス制御リストはオブジェクトごとにあり，空欄を除いて項目がある箇所のみを管理／表現することになる．$<$サブジェクト名, 操作$>$で表現する．表8.1 のアクセス制御行列の例では，オブジェクトのファイル F_3 に対しては，図8.3 に示すように，$< S_1, RW >$，$< S_3, R >$，$<$ 管理者$, RW >$となる．

サブジェクト S_i がオブジェクト O_j に対してアクセス権 OP_n を要求したとしよう．このとき，アクセス手順は次のようになる．

- オブジェクト O_j のアクセス制御リストを見る．
- このリストの中で，$<$ サブジェクト S_i, アクセス権 $OP_n >$があるか調べる．
- あれば，アクセス OP_n を許可する．
- なければ，アクセスが認められないのでアクセス保護違反と言うことになり，OS はエラーを返す．

例えば，図8.3 において，オブジェクトのファイル F_3 に対して，サブジェクト S_1 の読み書きアクセス（RW）は許可し，サブジェクト S_2 への読出しアクセス（R）はアクセス制御リストにないので，アクセス保護違反となり，OS はエラーを返す．

UNIX 系 OS では，アクセス制御リストを用いている．サブジェクトとしては，

1) ファイルまたはディレクトリの所有者．所有者は，通常はファイルを作成したユーザ
2) ファイルの所有者が所属するユーザグループのメンバー
3) ファイル所有者でもグループメンバーでもないその他の全ユーザ

オブジェクト F_3 ｜ $< S_1, RW >$, $< S_3, R >$, $<$ 管理者$, RW >$

図8.3 アクセス制御リストの例

サブジェクト S_2 | $< F_1, RW >, < F_4, R >$, <プリンタ, 印刷>, <管理者, スイッチ>

図8.4　ケーパビリティリストの例

の3つの単純な分類にしている．ファイルアクセス権の割当てや変更が行えるのは通常そのファイルの所有者だけであるが，ファイルの所有権の変更は管理権限のあるユーザ（スーパーユーザなど）によっても行うことができる．

8.2.3　ケーパビリティリスト

ケーパビリティリスト（capability list）は，アクセス制御行列を行ごとに区切って管理するリストである．ケーパビリティリストはサブジェクトごとにあり，空欄を除いて項目がある箇所のみを管理／表現することになる．<オブジェクト名, アクセス権>で表現する．表8.1 のアクセス制御行列の例では，サブジェクト S_2 に対しては，図8.4 に示すように，$< F_1, RW >$，$< F_4, R >$，<プリンタ, 印刷>，<管理者, スイッチ>となる．

8.2.4　アクセス制御リストとケーパビリティリストの違い

アクセス制御リストとケーパビリティリストは両者とも元となるアクセス制御行列の表現方法の違いであり，本質的な違いはない．オブジェクト中心で見るか，サブジェクト中心で見るかの違いである．しかしながら，運用上どちらで表現／管理するかで違いが出てくる．オブジェクト中心で管理するアクセス制御リストは，ある1つのオブジェクト（例えば，ある1つのファイル）に対するアクセスを許可するか否を判断するのに都合がよく，逆にサブジェクト中心で管理するケーパビリティリストはある1つのサブジェクト（例えば，ある1人のユーザ）に対するアクセスに都合がよい．しかし，このことは逆をやることになった場合，都合が悪くなる．

例えば，下記の例を考える．

- サブジェクトであるユーザAさんが，どのようなオブジェクト（ファイルなど）にどのようなアクセス権があるかを調べようとした．ケーパビリティリストで管理されていれば，ユーザAのケーパビリティリスト $\{<$

O_1, アクセス権 1 >, < O_2, アクセス権 2 >, $\ldots\}$ (O_i：オブジェクト i) を見ればよい．しかし，このとき，アクセス制御リスト（ACL）で管理されているとする．ACL はオブジェクト（ファイルなど）ごとにあるので，全てのオブジェクトを検索して，その中に < ユーザ $A, \cdot$ > があるか否か調べることになり，この検索に時間がかかることになる．

- 今度は逆に，あるオブジェクト（O_1）に対してどのようなサブジェクト（例えばユーザ A）がどのようなアクセス権があるか調べようとした．ACL で管理されていれば，オブジェクト O_1 の ACL を見ればよい．しかしながら，ケーパビリティリストで管理されていたとすると，全てのケーパビリティリストに対して，< O_1, アクセス権 > があるか検索しなければならず，時間がかかることになる．

上記のように調べるだけの操作であれば，OS は ACL とケーパビリティリストの双方で管理し，どちらか都合のよいリストで調べればよい．しかし，リストに変更を加える場合（例えば，アクセス権の変更），変更の一貫性を保つため双方のリストを書き換える必要があり，時間がかかるため工夫が必要である．

8 章の問題

□**8.1** ハードウェア，ソフトウェアの計算機資源を保護するレベルとして，どのようなレベルがあるか，述べよ．また，各々のレベルにおいてどのような解決方法がとられているか，述べよ．

□**8.2** アクセス制御行列とは何か，述べよ．また，アクセス制御行列の利点，欠点を述べよ．さらに，アクセス制御行列を簡略化した管理方法としてどのようなものがあるか，述べよ．また，その各々の利点，欠点を述べよ．また両リストの違いに起因して，不都合となる場合も述べよ．

□**8.3** UNIX 系 OS はアクセス制御リスト方式を採用している．UNIX 系 OS において，アクセス制御リストに関するコマンドを調べ，自分で適当なファイルを指定して，実際に表示させよ．また，表示した結果の意味（アクセス許可の種類など）も述べよ．

□**8.4** システムがアクセス制御リストとケーパビリティリストの双方のリストで管理した場合，どのような問題が生じるか．また，その問題を解決する方法を考えよ．

第9章

デッドロック

ユーザプログラムはハードウェア，ソフトウェアの計算機資源を使用して実行するので，OS はユーザプログラムに計算機資源を割り当てなければならない．このとき，デッドロックと言う問題が発生する．デッドロックが発生すれば，プログラムの実行は前に進めないことになり不都合である．本章ではデッドロックとは何か，デッドロックのモデリング，および解決方法などを述べる．

9.1　デッドロックと資源割当てグラフ

(1)　デッドロックとは？

デッドロック（deadlock，暗礁）とは，「にっちもさっちもいかなくなった状態」のことである．このことは船が暗礁に乗り上げることが起源であるが，日常生活でも例えば図9.1に示すように一車線しかない道路で，両方からクルマが来て後へも引けずクルマが立ち往生することを稀《まれ》に経験することもある．このことは計算機の世界でも生じることである．

(2)　デッドロックのモデリング

計算機では，複数のプロセスがその実行を完了するために複数の計算機資源を確保しながら実行している．資源（R）としてファイルなどのソフトウェア資源，プリンタ，CD装置などのハードウェア資源がある．さらに，ある1つの資源に関していくつあるかと言うインスタンス（例えば，資源のCD装置で台数が3台の場合インスタンスは3）がある．

プロセスは資源使用に関して下記の操作が必要である．

1)　**獲得要求**：プロセスは資源を指定して獲得要求を出す．要求が満たされない場合は，プロセスは待ち状態に入る．なお，資源は排他制御しなければならない（同時には1つのプロセスしか使用できない）タイプと，プロセス間で共有できる（同時に使用してもよい）タイプもある．排他制御の資源タイプは他のプロセスがすでに獲得している場合は待たされることになる．共有資源タイプはその獲得要求がすぐ許可されることになる．例えば，排他制御しなければいけない資源タイプとしてプリンタがある．プリンタへ印刷する場合，複数のプロセスの印字結果（例えば計算結果）が

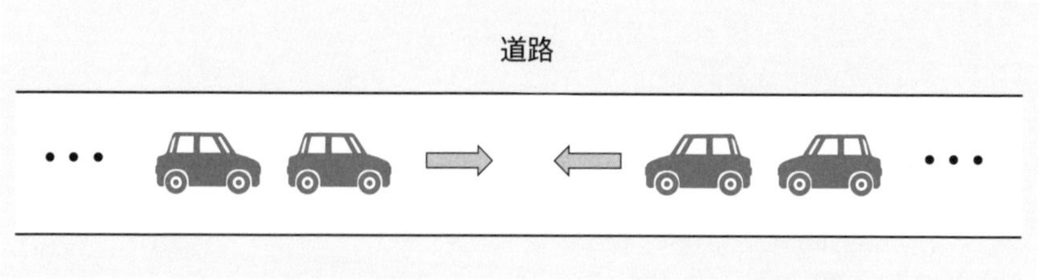

図9.1　道路上のクルマのデッドロック例

混じって印刷されれば，ユーザは混乱することになる．また，共有してよい資源としてプロセスが読出しの獲得要求しかしないデータファイルがある．

2)　**使用**：資源を獲得した後，実際にその資源を使用する．プリンタであれば印刷である．

3)　**解放**：プロセスは獲得した資源を解放する．

(3)　資源割当てグラフ

計算機資源への割当ての様子は，**図9.2** に示すようにグラフで表現すると分かりやすい．このグラフを**資源割当てグラフ**と呼ぶ．図中で R は資源タイプ，「●」はインスタンス，P はプロセスを表す．また資源タイプのインスタンスからプロセスへの矢印は，そのプロセスにインスタンスが割り当てられていることを意味する．逆に，プロセスから資源タイプへの矢印はその資源タイプを待っていることを意味する．図の例では，資源タイプ R_1，R_2 ともにインスタンスは1つであり，プロセス P_1 は R_1 を確保し R_2 を待っている状態，逆にプロセス P_2 は R_2 を確保し R_1 を待っている状態を示している．**図9.2** は明らかにデッドロック状態となっている．と言うのは，お互い（プロセス P_1，P_2）は2つの資源のうちの1つを確保しており，もう1つは相手が確保しているために待ちになっているからである．図の例では具体的には下記の操作を行ったからだと見ることもできる．

○ **プロセス P_1 の処理（ここで，r_i（$i = 1,2$）は R_i に対応したロック変数である．）**

$\mathrm{lock}(r_1)$

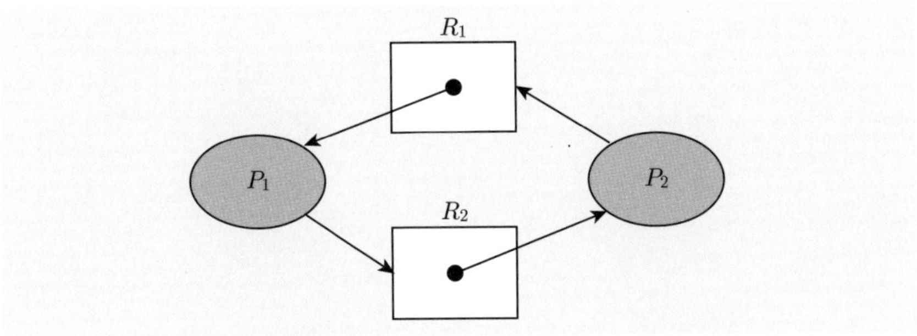

図9.2　資源割当てグラフとデッドロックの単純な例

lock(r_2)
R_1 を使用
R_2 を使用
unlock(r_2)
unlock(r_1)

○ **プロセス $\boldsymbol{P_2}$ の処理**

lock(r_2)
lock(r_1)
R_2 を使用
R_1 を使用
unlock(r_1)
unlock(r_2)

要は資源タイプ R_1，R_2 の獲得要求（lock）の順序が逆になっていることである．上記のように複数資源の獲得要求は複数の比較的少ない資源とプロセスだけに閉じた話であればロック獲得順序を守ると言う方法で解決できるが，この閉じた話が崩れると（例えば，上記の例で R_2 を別のプロセス P_3 でも確保したい場合）簡単にはいかないので資源割当てグラフが必要になる．なお，本章の以降では，資源タイプを単に資源と記述する．

9.2　デッドロックのための必要条件

デッドロックが生じているための必要条件（十分条件ではない）を示す．

(1)　必　要　条　件

1)　**相互排除**：プロセス間では同時には獲得できない資源，すなわち相互排除しなければならない資源が少なくとも 1 つは存在する．

2)　**確保と待機**：ある資源を確保してかつ異なる資源を獲得するために待機しているプロセスが少なくとも 1 つは存在する．

3)　**横取り不能**：あるプロセス（プロセス A）が確保している資源を異なるプロセス（プロセス B）が獲得要求している場合，プロセス B にその資源を明け渡すことができない．すなわち横取り不能の資源である．このような横取り不能の資源が少なくとも 1 つは存在する．

4)　**循環待機**：資源割当てグラフ内の有効グラフを矢印の通りに辿っていけばループ（閉路）がある．

図9.2 の例は上記の条件を満たしていることが分かる．なお，確保と待機は循環待機に含まれるが，後述する解決方法のためにあえて分類している．

(2)　十分条件ではないことの例題

上記の条件が満たされたからと言って，デッドロックになっているとは限らないことに注意して欲しい．これは，ある資源ではインスタンスが 1 つではなく複数あるときに生じる．その例を図9.3 に示す．図では上記の必要条件を全て満足しているがデッドロックの状態ではない．資源 R_2 のインスタンスが 2 つあり，その 1 つはプロセス P_3 によって確保されているが，プロセス P_3 の実行完了により解放するとプロセス P_1 が確保できるからである．

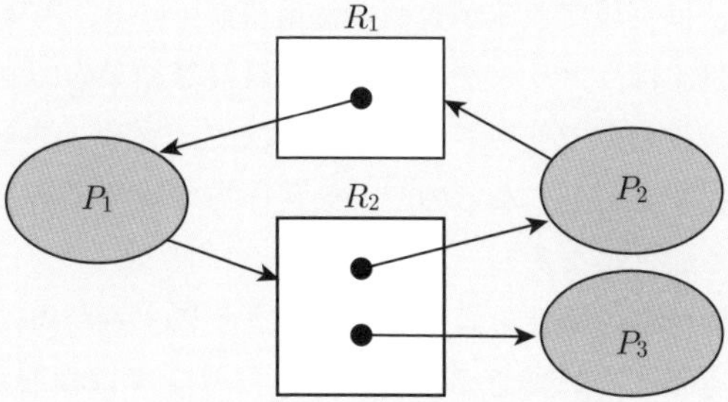

図9.3　デッドロックではない資源割当てグラフ

9.3 デッドロックの解決方法

9.3.1 分 類

デッドロックを解決する方法として，大きく分けて下記の3つの方法がある．

(1) デッドロック防止方法（deadlock prevention）

デッドロックが生じないことをプロセス実行前に解決する方法である．この方法は，具体的には上記の必要条件を満たさないように制御する方法である．後述するように資源の使用効率がよくない．

(2) デッドロック回避方法（deadlock avoidance）

プロセスの資源の獲得／待ち状態を時々刻々把握して，デッドロックに陥ることがないように動的に解決する方法である．

(3) デッドロックからの回復方法

デッドロックに陥った場合に，それから脱出する方法である．

9.3.2 デッドロック防止方法

デッドロックになるための必要条件を1つでも満足しないように制御すればよい．前節で述べた4つの必要条件についてそれを満たさないようにできるかどうか，見てみよう．

1) **相互排除**：この条件を満足させないようにするには，全ての資源が共有できるようにしなければならない．しかしながら，プリンタは相互排除しないといけない資源なので，この条件は満足させることはできない．

2) **確保と待機**：確保かつ待機しないようにするための方法はプロセスが実行中に使用する資源の全てを実行前に予め確保することである．全て確保できなければ当該プロセスを実行しない．全て確保できて初めて実行する．この方法は実現できるが資源の使用率が下がり，有効活用できないことになる．例えば，プリンタは多くの場合計算結果の印刷のためにプロセス実行時の最後の方で使用される．本方法ではプリンタをプロセス実行の最初から確保することになるので，最後の方で実行するまで使用されず使用率が下がることになる．

3) **横取り不能**：この条件を満足させないようにするためには，全ての資源を横取りできるようにできるかである．プリンタは横取りできないので，この条件を満足させないようにはできない．

4) **循環待機**：この条件を満足させないようにするためには，資源確保の順序を一方向にすることである．すなわち下記のようにすればよい．
   - 資源に番号を付ける．
   - ある番号（番号 a としよう）の資源を確保した状態では，それより番号の大きな資源（番号 b）しか要求できないようにする．すなわち，$a < b$ となる b しか要求できず，a 未満の番号の資源は要求できないようにする．または，a 未満の資源を要求するときは，資源 a を解放して要求する．このとき資源の番号付けが問題となる．基本的には，プログラムの実行に沿って確保する資源に番号を付けることになるが，番号の付け方が難しい．昔であればプログラムの入力装置であるカードリーダに最も低い番号を付与し，普通はプロセス実行の最後の方で計算結果を印刷することが多いので，プリンタに大きな番号を割り当てることが考えられるが，その他の資源への番号付け方法が難しい．

9.3.3 デッドロック回避方法

上述のデッドロック防止方法は，必要条件を 1 つでも満足させない方法をとるやり方であった．この中で，確保と待機の条件を満足させないことが実現性が高い．すなわち，プログラム実行に必要な資源を実行前に全て確保しておく方法である．逆に言うと，全て確保できなければプログラムを実行せず，全て確保できるまで待たせることである．しかし，この方法は上述したように資源の利用率が下がり有効活用できない．

上記の問題を解決する方法として，プロセス実行の様子と資源確保状況を時々刻々把握しながら制御する方法がある．すなわち，デッドロック回避方法である．デッドロック防止方法は極めて安全で静的で悲観的な方法と見ることができ，デッドロック回避方法はデッドロックに陥らないように動的に制御する方法と見ることができる．

まず，デッドロック回避方法のイメージを掴むために下記の例を考える．

- 3 つのプロセス P_0，P_1，P_2 がある．
- 計算機資源として CD 装置が 8 台ある．
- 各プロセスは CD 装置を獲得しながら実行し，その使用最大数は予め分かっており，P_0：7 台，P_1：4 台，P_2：6 台とする．使用最大数の把握はコンパイラまたはユーザが指定することに把握することができる．但し，コンパイラの改造などが必要になるが.

- ある時刻 T_0 では各プロセスには CD 装置が P_0 に 1 台，P_1 に 2 台，P_2 に 2 台割り当てられている．従って，CD 装置の残り台数（空き台数）は 3 台（$= 8 - (1 + 2 + 2)$）となる．また，各プロセスはそのうち CD 装置を，P_0 は 6 台（$= 7 - 1$），P_1 は 2 台（$= 4 - 2$），P_2 は 4 台（$= 6 - 2$）要求してくる（この台数を不足数と呼んでおく）.
- 時刻 T_0 以降では，この 不足数 $<$ 空き台数 となるプロセスからの要求のみを受け付ける．すなわち時刻 T_0 以降は，まず P_1 が要求したときにのみ CD 装置を割り当てる．P_0，P_2 が要求しても割り当てないのである．例えば，P_2 が 2 台要求したときに空き台数が 3 台からあるからと言っても割り当てない．このとき，P_1 は残りの 2 台を一度に要求するかもしれないし，1 台ずつ要求するかもしれないが，いずれにしても P_1 からの要求のみを許可するのである．すると，P_1 は最大数 4（$= 2 + 2$）を確保できたので，プロセス P_1 は何の障害もなく実行できる．このとき，空き CD 装置数は 1 となる.
- そのうち，P_1 の実行が終了する．終了したら確保した CD 装置 4 台が解放されるので，5 台（$= 1 + 4$）の CD 装置が空きとなる.
- この後，P_2 が要求したときのみ（P_0 が要求しても割り当てない），CD 装置を割り当てる．割当て後，上記と同様に P_2 が終了し獲得していた CD 装置を解放する.
- この後，最後に P_0 が要求したら CD 装置を割り当てる.

すなわち，プロセスからの要求を $P_1 \rightarrow P_2 \rightarrow P_0$ の順で許可する方法である．この順序を**安全な順序**と呼ぶ．上記の様子を**図9.4** に示す．また，安全な順序が存在する状態のことを**安全な状態**と呼ぶ．上記の例で，P_2 が 2 台要求したときに割り当てた状態は安全ではない状態となる.

要は割り当てた後，実行が完了するプロセスからの要求があった場合にのみ装置を割り当てる（他のプロセスから確保要求があっても割り当てない）．そうすればそのプロセスは CD 装置を全て確保できたことになるので，そのうち実行が終了し，確保した装置を解放するのでこの分 CD 装置に空きができる.

プロセス	最大要求数	現在の割当て数	不足数
P_0	7	1	6
P_1	4	2	2
P_2	6	2	4

プロセス	割当て許可数	空き CD 装置数
P_1	2	1
	↓	
P_1	解放	5
	↓	
P_2	4	1
	↓	
P_2	解放	7
	↓	
P_0	6	1

CD 装置台数：8 台
CD 装置空き台数：3 台空き

図9.4　デッドロック回避方法のイメージ

これを繰り返す方法である．

なお，デッドロックを解決する方法（防止方法，回避方法）はプロセススケジューリングに影響を与える．例えば，デッドロック防止方法でプロセス実行前に資源を全て確保する方法では，当該プロセスに実行が回ってきたとき（例えば，ラウンドロビン），資源が確保できなかったときにどうするか，考えなければならない．

上記では，資源タイプが 1 つの場合であったが複数になっても同様のことをやればよい．すなわち，最大数が割り当てられるプロセスからの要求のみを最初に許可し，実行完了後に割り当てられた資源を解放するので空き台数が増える．これを繰り返せばよい．

上記の方法をアルゴリズム化したものとして，**銀行家アルゴリズム**（banker's algorithm）がある．「銀行家」の由来は，銀行が資金を投資するときに投資してもよいか否かを判断することに由来する．

9.3.4 デッドロックからの回復方法

デッドロックからの回復方法として下記の 2 つを考えなければならない．

1) **デッドロックの検出**：現在デッドロックに陥っているか否かを，どのようにして把握／検出するかである．
2) **デッドロックからの回復**：システムがデッドロックに陥った場合，そこ

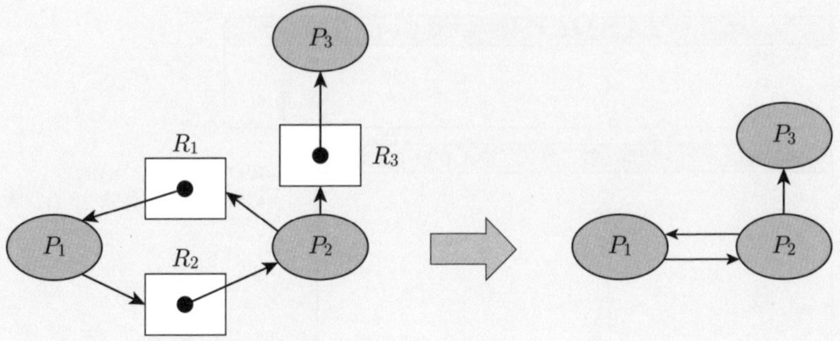

(a)　資源割当てグラフ　　(b)　プロセス依存グラフ

図9.5　デッドロックの検出のためのグラフ

からどのようにして回復するかである．

なお，デッドロックからの回復には，その処理のためにオーバヘッドが生じることになり留意する必要がある．

(1)　デッドロックの検出

ここでは，各資源のインスタンスが1つの場合に限定する．資源割当てグラフから資源を削除し，プロセスのみに着眼したグラフに簡略化する．このグラフを**プロセス依存グラフ**と呼ぶ．その例を図9.5に示す．デッドロックの検出は，プロセス依存グラフにおいてループの存在を検出することになる．図では，プロセス P_1，P_2 でループが存在するのでデッドロックに陥っていることが分かる．なお，資源のインスタンスが複数ある場合は若干複雑となる．

(2)　デッドロックからの回復

上記でデッドロックが検出できれば，その後どのようにしてデッドロックから回復／復旧するかと言うことになる．主に下記の2つの方法がある．

1)　**プロセスの停止**：デッドロックに関係した全てのプロセスを強制終了させる方法である．

2)　**資源の横取り**：資源の横取りを許す方法である．具体的には，資源横取りの原因となっているプロセスを強制終了させる．

9 章 の 問 題

□**9.1** デッドロックとはどのような現象か，述べよ．また，デッドロックが生じる身近な問題を考えよ．

□**9.2** デッドロックを解決する方法としてどのような方法があるか，述べよ．また各々の方法の利点，欠点を述べよ．

□**9.3** デッドロックが生じるための 4 つの必要条件（十分条件ではない）を挙げよ．また，各々の条件についてそれを満たさないようにできるか否かを議論せよ．

□**9.4** 3 つのプロセス P_1，P_2，P_3 と 2 つの資源 A（インスタンス数：10 個），B（インスタンス数：5 個）を持つシステムを考える．ある時刻 T_0 で以下の状態になっているとする．

	最大要求数		現在の割当て数	
	A	B	A	B
P_1	7	5	1	1
P_2	3	2	2	0
P_3	8	2	4	1

デッドロックを回避（デッドロック回避方法）することを考える．次の問題に答えよ．

(a) 時刻 T_0 での状態は安全な状態か，安全であれば安全な順序を求めよ．

(b) プロセス P_1 が資源タイプ A を 2 個，B を 3 個要求したときその要求を満足させることが可能か．

第10章

ＯＳ構成法

OS は典型的な大規模プログラムであり計算機ハードウェアとユーザプログラムの間に位置する，と言う特徴を有する．この特徴を考慮して多様な OS プログラムの構成法がある．本章ではこの OS 構成法について述べる．

10.1 ソフトウェア開発について

まずOSはプログラムであるので，ソフトウェア開発方法が必要である．ソフトウェア開発は多様なフェーズから構成されている．まずは企画，ユーザの要求仕様から始まり，最終的にプログラムコードを作成することになる．プログラム開発の一般については，ソフトウェア工学分野などの書籍を参考にして欲しいが，一般的に下記である．

(1) 開発プロセスについて

古い時代は，プログラムコードを書くことに注力されていた．しかしながら，近年はそのための開発プロセスが重要であるとの認識で，そのプロセスが確立しつつある．図10.1に示すように多様な工程（フェーズ）からなる．例えば，最初は企画から，最後にプログラムコード生成となる．また，各フェーズにおいてそのフェーズが正しいかをテストすることが重要となっている．このモデルをその見た目がVの形に似ていることから，**V字モデル**と呼ぶ．

(2) 開発モデルについて

下記のように，いくつかの代表的な開発モデルがある．

1) **ウォーターフォールモデル**：図10.2に示すように分析（その前には仕様がある）から設計，実装，テスト，運用までの一連の工程を後戻りしないで，まるで滝のように水が下に落ちることをイメージした（ウォーターフォール）開発モデルである．本モデルは開発モデルの歴史において最初に考えられ，開発に採用されたモデルである．最初から開発上流工程である要求仕様からきちんと確定した際に利用されることが多い．

2) **インクレメンタルモデル**：図10.3に示すように，開発する際に機能全体を一気に作るのではなく，機能の一部をまず作りその機能をデバッグ，テストし，一連の開発プロセスを完成させた後，その他の機能の一部についてこの過程を繰り返すことにより少しずつ最終的に機能全体を作るモデルである．多くの場合，このモデルで開発することが多い．

3) **プロトタイピングモデル**：近年，システム開発は急激な社会変化への対応が求められ，ユーザ要求は最初から確定しないことも多く，ユーザと相談しながらソフトウェア開発を行うことになる．図10.4に示すように，まずはプロトタイプ（試作品）を作り，それをユーザがテストして，さらにバージョンアップを行い，この工程を繰り返す開発モデルである．**アジャイル開発**と呼ばれることもある．

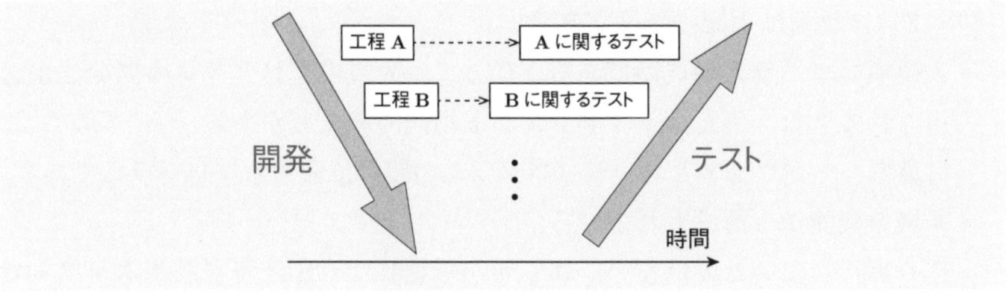

図10.1　**V** 字モデル

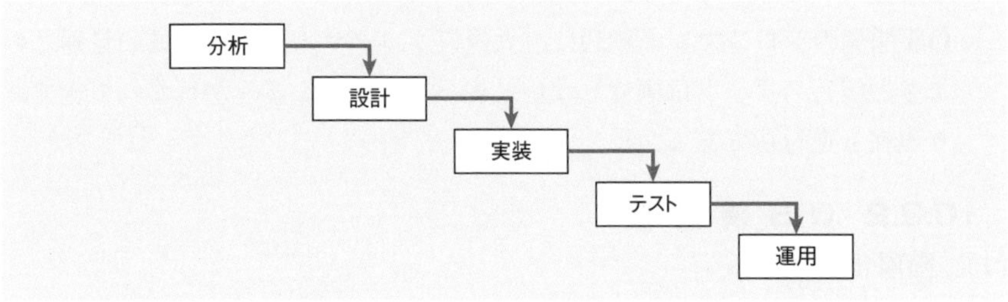

図10.2　ウォーターフォールモデル

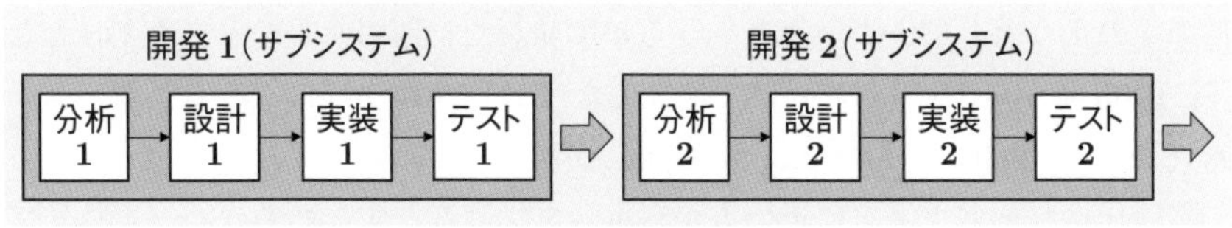

図10.3　インクレメンタルモデル

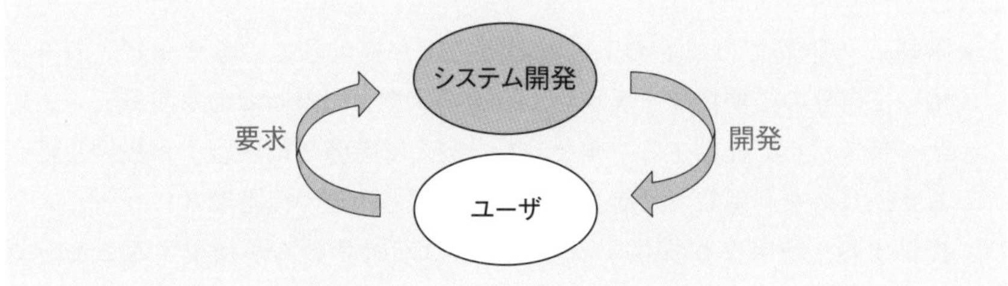

図10.4　プロトタイピングモデル

10.2　OSプログラムの特徴とその構成法

10.2.1　OSプログラムの特徴

OSプログラムは下記の特徴がある．

- 大規模プログラムの典型である．従って，大規模プログラムの開発法が適用されてきた．例えば，オブジェクト指向開発などがある．
- 計算機ハードウェアとユーザプログラムの間に位置するプログラムである．
- 多様な機能から構成されている．
- 速く実行しないといけない．ユーザから見ればOSは便利な基本ソフトではあるが直接は意識していなく，ユーザは自分のやりたいことを早く実行して欲しいと思っている．

○ **OS開発のジレンマ**：一般的に，大規模プログラム開発の構成の見通しのよさと実行スピードは両立しない．従って，様々な試みが行われてきており現在も進行形である．

10.2.2　OS構成法

(1)　階層化システム

OSは上述したように，ハードウェアとユーザの間に位置するプログラムである．従って，図10.5に示すようにこの間を階層化して管理する方法がある．この中の1つとして，ダイクストラらが開発した初期のマルチタスクOSとして，1965年から1966年にかけて開発した**THEマルチプログラミングシステム**（THE multiprogramming system）があった．

階層化はハードウェアに近い方から番号を付ける．すなわち，ハードウェアに最も近い階層を階層0とし，その上を階層1とする．階層では下記の規則に従う．

- 階層nの階層では，その下の階層$n-1$が提供しているサービスのみを用いて自分の階層機能を実現し，その結果を上の階層である階層$n+1$にサービスとして提供する．すなわち，例えば階層2は階層1が提供しているサービスを利用して階層2の機能を実現し，その後階層3にサービスを提供する．階層2が提供するサービスは階層3のみが使用することができ，階層5は使用できない．各階層の機能としては割込み機能，プロセス

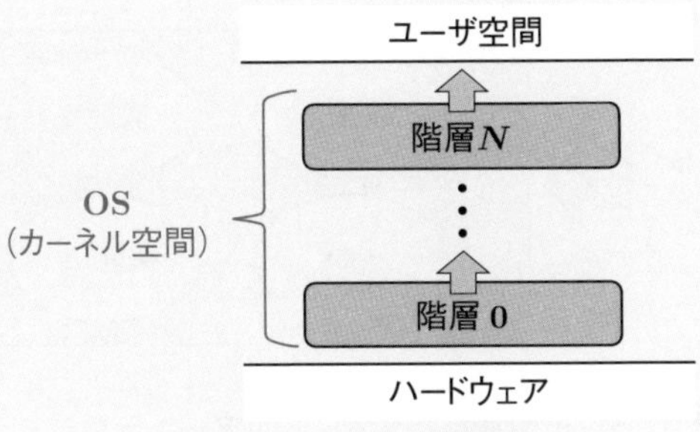

図10.5 SO の階層化

管理機能，メモリ管理機能，ファイル管理機能，ネットワーク管理機能などが考えられる．ダイクストラは，階層 0〜階層 5 の 6 つにした．

この階層化は，構成法としてはきれいではあるが，階層をどのようにとるか難しい．例えば下記の問題が生じる．

1) **問題その 1**
   - 階層 2 でプロセス管理機能，階層 3 でメモリ管理機能を実現したとする．
   - プロセス管理機能の中で，スケジューリング機能を設計するときに論理ページのページフォールトを防ぐためにできるだけメモリに入っているプロセスを優先してスケジューリングしたい．
   - しかし，メモリに入っているかどうかは，上記の階層 3 のメモリ管理機能を使わないといけない．
   - 従って，このスケジューリング方式は実現できないことになる．

2) **問題その 2**
   - 上記のその 1 とは逆に，階層 2 でメモリ管理機能，階層 3 でプロセス管理機能を実現したとする．
   - 階層 2 のメモリ管理機能として，メモリから論理ページを追い出すときに（すなわち犠牲ページを選択する際に），アクティブになっていないプロセスの中から追い出したい．
   - しかし，アクティブになっているか否かは上位階層のプロセス管理機能が把握している．
   - 従って，このメモリ管理方式は実現できないことになる．

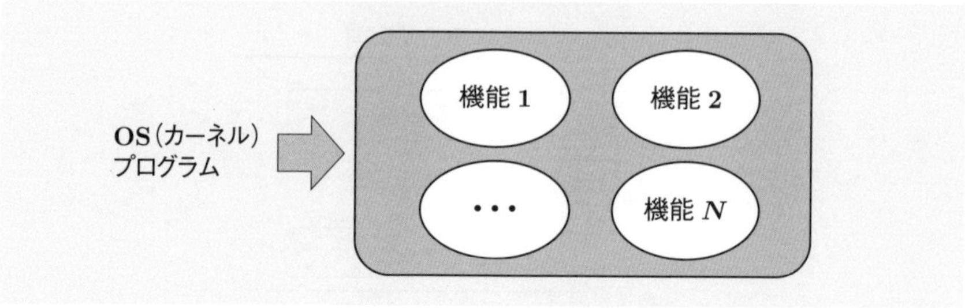

図10.6 モノリシックカーネルアーキテクチャ

要は，各階層をどのような機能にするかによってその機能が実現する機能に制限が加わり，階層をどのように決めるかは難しい問題である．

(2) 単層システムとモノリシックカーネルアーキテクチャ

図10.6 に示すように，OS プログラムを 1 枚岩（monolithic）のように構成する方法である．OS 登場の初期〜中期に採用されていた構成法である．OS プログラムは多様な機能を実現する手続きから構成され，各手続きは関数呼出しで行える．この構成法の利点は，OS 内の機能が関数呼出しと言う形で密に結び付いているので，OS 内処理が高速実行できることにある．欠点は機能が密に連結しており，構成の見通しが悪く修正，移植が大変なことである．

(3) モジュール化

OS プログラムが典型である大規模プログラムを複数のモジュール単位で分割して構成する方法である．本構成法は古くから採用されてきた．この中で，プログラム ＝ コード（機能）＋ データ となるので，このどちらで構成するかに関して，下記の 2 つの方法がある．

(1) **プログラムコード（機能）に注目して分割する**：人間（この場合は OS 設計者）は機能単位で考えることに慣れてる．従って，OS を機能に分割してモジュール化する方法は自然な発想であり，これまで採用されてきた．

(2) **データに注目して分割する**：OS は多様なデータを管理している．OS（カーネル）を正しく動かすためにはカーネルデータの一貫性を保証する必要がある．カーネルデータは機能間で共有されるかもしれない．上記の機能分割だとこの一貫性の保証を注意深く考慮する必要がある．従って，カーネルデータをデータ抽象化して設計した方がよいかもしれない．オブ

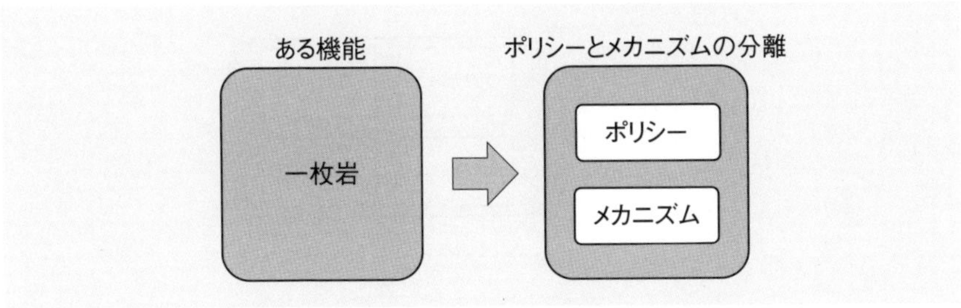

図10.7　ポリシーとメカニズムの分離

ジェクト指向の考え方である．この方法を導入するには設計者のセンスが問われる．

(3)　**その他の考え方――ポリシーとメカニズムの分離**：OS 内のある 1 つの機能をさらにモジュール単位で分割する方法がある．この方法の 1 つとして，図10.7 に示すように OS 内のある 1 つの機能に着目した場合，その機能を方針を決定するポリシー（policy）とそのポリシーを実現するメカニズム（機構，mechanism）に分離する方法である（**ポリシーとメカニズムの分離**）．この考え方は他の構成法と直交する概念ではなく併用される．ポリシーとメカニズムをどのように分割すればよいだろうか？ 例えば，プロセススケジューリングで優先度方式を採用した場合，ポリシーは優先度を決定することであり，メカニズムはその優先度に従って実際に実現する機構である．また，メモリ管理のページフォールト処理で犠牲ページを選択するのがポリシーで，犠牲ページをディスクに実際に追い出すのがメカニズムである．ポリシーは計算機依存にはならないが，メカニズムは計算機依存になる．読者は，このポリシーとメカニズムの具体例を他の機能で考えてみよう．分離が難しい場合もあるかもしれない．

(4)　プロセス指向とマイクロカーネルアーキテクチャ

OS を一枚岩のように作るのではなく，まず OS の基本機能を抽出し，その基本機能を用いて，OS の他の管理機構をプロセス（OS サーバプロセスと呼ぶ）として構成しようとするアーキテクチャである（図10.8 参照）．1980 年代に提案されたアーキテクチャである．基本機能で構成したカーネルを**マイクロカーネル**（micro kernel）と呼ぶ．この考え方は大きな機能のプログラムを

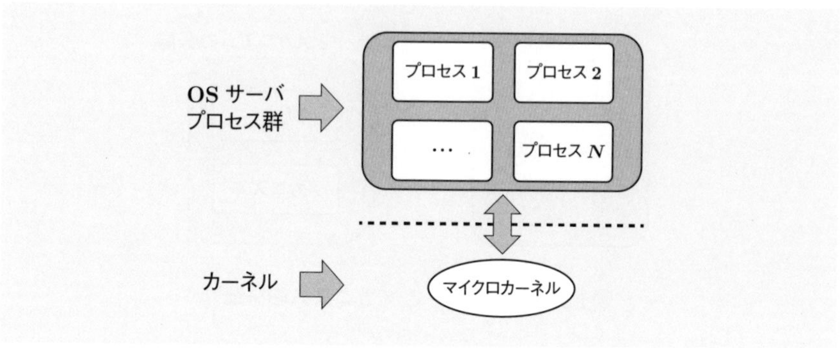

図10.8 マイクロカーネルアーキテクチャ

作ろうとする場合に本質的な機能を抽出してその機能が提供するサービスを用いて他の機能を構築しようと言う考え方であり，古くはエディタプログラムを構築するときにマイクロエディタと言うものがあり，これと類似の考え方である．また，マイクロカーネルの機能を何にするかは多様な考え方があるが，基本的にハードウェアに近い機能で構成され，割込み機能，コンテキストスイッチング機能を含む．OS サーバプロセス同士の通信は，マイクロカーネルを介してメッセージパッシングでやり取りされる．下記の利点と欠点がある．

○ **利点**

- 本アーキテクチャは，OS サーバプロセスを複数の計算機ノードに置くことができるので，分散システムにも適用可能である．
- 高レベルのプロセス管理，メモリ管理などの OS サーバプロセスはカーネル空間ではなくユーザ空間で実現可能であるので，柔軟に構成できる．なお，このときカーネル空間からユーザ空間への呼出しを**アップコール**（up call）と呼ぶこともある．

○ **欠点**：マクロカーネルアーキテクチャは，その構成の見通しのよさ，柔軟な実現，分散システムへの適用が可能などから，そのアーキテクチャが有望視されたが，実現に伴い下記の欠点が分かってきた．

- プロセス間通信はメッセージパッシングで行われるので，この処理に時間がかかる．このために，マイクロアーキテクチャの研究はこのメッセージパッシングのオーバヘッドを如何に軽減させるかと言うことに注力されてきた．

10.3 仮想計算機

1 台の計算機上で複数の OS を動かしたいときがある．これは，OS 依存のアプリケーションを走らせたいときなどである．OS は実際の計算機を仮想化したものであるので，OS がユーザに提供する仮想的な計算機のことを**仮想計算機**（VM，Virtual Machine）と呼ぶ．図10.9 にその構成法を示す．

裸の計算機上の仮想計算機を作り出すプログラムのことを，**仮想計算機制御プログラム**（VMCP，Virtual Machine Control Program）と呼ぶ．**ハイパーバイザ**と呼ばれることもある．VMCP は実際の物理プロセッサを時分割方式により，仮想計算機に割り当てる．仮想計算機上の OS は実際の計算機では非特権モードで実行される．

仮想計算機上のアプリケーション（AP）がシステムコールを発行した場合，下記の処理となる．

- システムコールの発行は割込みにより VMCP に制御が移り，VMCP は当該 AP が走る仮想計算機の OS を特定し，その OS に制御を移す．VMCP は，通常の OS が管理するプロセス制御ブロック（PCB）に対応するような VM の状態を管理する表を持っている．

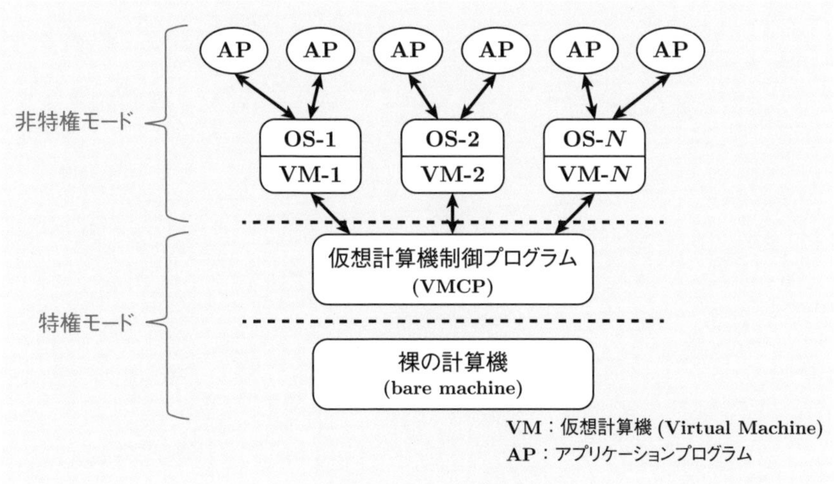

図10.9 仮想計算機

- 当該 OS で当該システムコールの処理を行うが，この中で特権命令が含まれていれば当該 OS は非特権モードで走っているので，特権命令例外／違反として VMCP に制御が移る．
- VMCP はどのような理由で特権命令例外／違反となったかの状況（この場合 VM 上の OS からの依頼）を把握しているので，特権命令を実行し実行後，当該 OS に制御を移す．
- 当該 OS は，AP が発したシステムコールの時点から AP を再開させる．

仮想計算機は，1 台の計算機で OS 依存の複数のアプリケーションを実行できることや，OS の開発，バージョンアップなどを容易にするなどの長所がある．欠点は，特権命令を計算機の実プロセッサが提供していない場合，その特権命令を VMCP 内でソフトウェアによりシミュレーションすることになるが，このシミュレーションのオーバヘッドがかかることである．このオーバヘッドを削減するために，マイクロプログラミングによる方法やその他のいくつかの工夫が行われている．

10章の問題

□**10.1** ハードウェアとユーザプログラムに位置する OS プログラムを階層的に構成する方法（OS の階層化）の利点，欠点を述べよ．

□**10.2** OS 構成法の 1 つとして，ある 1 つの機能をポリシーとメカニズムに分離する方法がある．この構成法の利点，欠点を述べよ．また，OS の他機能を考え，ポリシーとメカニズムを自分なりに具体的に分離せよ．

□**10.3** 単層システム（モノリシックカーネルアーキテクチャ）とプロセス指向（例えばマイクロカーネルアーキテクチャ）の各々の利点，欠点を述べよ．

□**10.4** 自分なりに OS 構成法を考えよ．

第11章

O S 事 例

本章では，代表的な OS である UNIX 系 OS と Windows OS について，その沿革および本書で述べたファイルシステム，プロセス管理，保護などの各機能に対して実際にどのような方法が採用されているか，その概要を述べる．

11.1 UNIX系OS

11.1.1 沿 革

UNIX 系 OS はまずその前身である **Multics**（Multiplexed information and computing service）OS があり，この OS を理解する必要がある．Multics は 1960 年代に開発されたタイムシェアリンクオペレーティングシステムであり，後世に多大な影響を与えた．具体的には，Multics は 1964 年に MIT（F.J. Corbató：コルバトら）を中心として，AT&T ベル研究所，GE（ゼネラルエレクトリック）社の共同研究として始まった．Multics は野心的な OS であった．特徴として単一仮想アドレス空間，リング構造の保護機能などを提案し，現在の OS 技術に通じるものであった．また，当時 OS コードはアセンブリ言語で記述されていたが，高級言語である PL/I と言う言語で開発した．しかしながら商業的には失敗した．と言うのは，多くの機能を取り入れようとして，規模が膨大になり，当時のハードウェア技術が追い付いていなかったためである．そこで， 1969 年に AT&T ベル研究所（具体的にはトンプソン（K.L. Thompson）ら）が見切りを付け脱落した（これが結果として UNIX を生んだ）．さらに翌年 GE 社のコンピュータ部門が Honeywell 社に Multics もろとも買収された．

トンプソンらは，Multics の反省からもっと単純明快で小さな OS を作ろうとした．この OS が **UNIX**（UNICS，Uniplexed Information and Computing System）である． UNIX OS は Multics の単語で複数を意味する multi から単一を意味する uni にあるようにその開発思想が読み取れる．1969 年に開発された初期の UNIX はアセンブリ言語で記述されていたが，保守性，生産性が悪いことから 1972 年に AT&T ベル研究所のリッチー（D.M. Ritchie）らにより言語 C が開発され，1973 年に UNIX は言語 C で書き直された．言語 C はもともと UNIX のために開発された言語である．

その後，UNIX は公開されたこともありいくつかの版（バージョン）を生むことになった．代表的には，AT&T ベル研究所の System V，カリフォルニア大学バークレイ校の BSD である．

一方で，フィンランドのヘルシンキ大学の学生であったトーバルズ（L.B. Torvalds）が UNIX の 1 つの版の教育用としてオランダのアムステルダム自由

大学 (Vrije Universiteit Amsterdam) 教授のタネンバウム (A.S. Tanenbaum) が開発した MINIX OS の開発に動機づけられ，**Linux カーネル**が登場した．Linux の開発は有志が集まったコミュニティで行われ，この開発方法は OS 開発の在り方に衝撃を与えた．

11.1.2 各 機 能

(1) ファイルシステム

ファイルは 3 章で述べたように，バイト列の並びと言う簡素な形式である．これが UNIX の最大の特徴の 1 つである．また，ディレクトリは 3 章で述べたように，i-node と呼ばれる構造で大きなファイルを表現／管理できるようになっている．

(2) プロセス管理

プロセスは，元々は 1 つの仮想アドレス空間と 1 つのコンテキストが一対（重量プロセス）となってユーザに提供していた．この UNIX プロセスをマルチプロセッサに実装した場合，必ずしも思ったような性能が出ないことが分かりスレッドと言う概念が誕生した．プロセススケジューリングは，優先度方式と優先度内ではラウンドロビン方式を採用している．優先度は動的に変更される．

(3) 保　　護

アクセス制御リスト（ACL）を採用している．サブジェクト（「誰が」に対応）は

1) 所有者
2) そのグループ
3) その他

と言う 3 つに分類した簡素なグルーピングとなっている．

11.2 Windows OS

現在の PC の OS は大きく Windows OS と Mac OS の 2 つに収束されている．ここでは **Windows OS** を述べる．

11.2.1 沿 革

1970 年代から，デバイス技術の進歩により個人ごとに保有するパーソナルコンピュータ（PC）が普及され始めてきた．この中で最もインパクトを与えた計算機は，IBM 社が発表した PC/AT 機であった．その仕様も公開されたので IBM 社だけではなく，他社から PC/AT 互換機が商用化されることになった．IBM 社は，この PC の OS を Microsoft 社から OEM 提供を受けていた．この OS が **MS-DOS** と呼ばれる OS である．当時 PC/AT 機はメモリ容量，ディスクも極めて貧弱であり，また仮想メモリおよび特権モードを用いた保護も行われていなかった．さらにシングルプロセスであり，マルチプログラミング機構は採用されていなかった．これは，個人用（パーソナル）と言うこともあり，貧弱ではあるが当時としては受け入れやすかった．

Windows は 1985 年に MS-DOS 上で動作する GUI 環境として実装され商用化された．マイクロプロセッサもデバイス技術の進歩により，1990 年代に入り 16 ビットから 32 ビットの時代になり，仮想メモリ，マルチプロセス，ウインドウシステムが導入された．これに伴い，Windows も高性能化，高機能化された．1992 年に商用化された Windows 3.1 では MS-DOS のアプリケーションでありながら，プロセス管理，メモリ管理を拡充した．現在，Windows はいくつかのバージョンを出して発展し続けている．あるバージョンではシステムコールであった機能が，後継 OS では直接のシステムコールではなくライブラリで実現するユーザインタフェースになっている．従って，ユーザが呼び出すインタフェース（API）を体系化する必要があった．この体系化したものが Win32 API（32 ビット用），Win64 API（64 ビット用）である．

- **Win32**：プロセッサの 32 ビット化に合わせて 1994 年の Windows NT 3.1（サーバ向け）および 1995 年の Windows 95（PC 向け）から導入された．
- **Win32s**：Win32 の縮小版である．Windows 3.1 では Win16（16 ビットプロセッサ用），後継の Windows 95 では Win32（32 ビットプロセッ

サ用）があったが，その移行期の特殊な API として両者の共通部分を抽出した Win32s が提供された．

- **Win64**：2001 年の Windows XP 以降で 64 ビットプロセッサ向けに導入された API である．

11.2.2 各 機 能

(1) ファイルシステム

ファイルシステムは，NTFS（NT File System）と呼ばれるシステムを採用している．NTFS におけるファイルは，UNIX OS のような単純なバイト列ではなく，ファイル属性の集合として構成されている．

(2) プロセス管理

通常のプロセスの他にスレッドを提供している．プロセス／スレッドスケジューリングは，表11.1 に示すように優先度 0〜31 の 32 段階の優先度を設けている．優先度は数字が高いほど優先度が高いように設定している．

- **実時間レベル**：優先度 16〜31 である．カーネル内で動作するシステムスレッドの多くは，このレベルで動作する．実時間レベルの優先度は固定的で動的に変化することはない．
- **動的レベル**：優先度 1〜15 である．通常のアプリケーションが利用するものである．サービスの公平性などを考慮して動的に変化する．
- **システムレベル**：優先度 0 である．仮想メモリに関する特殊なスレッド（ゼロページスレッド）のために用意されている．

(3) 保　　護

アクセス制御リスト（ACL）を採用している．各々のオブジェクト（「何に」対応）にセキュリティ記述子と呼ぶデータ構造があり，この中に ACL も記述されている．

表11.1 **Windows** のスケジューリングの優先度

優先度	内容
31〜16	実時間レベル（16 段階）
15〜1	動的レベル（15 段階）
0	システムレベル（1 段階）

11章の問題

□**11.1** UNIX系OSのシステムコールの体系化であるPosixと，Windows OSのユーザ呼出しへの体系化であるWin32 API，Win64 APIを主要なものについて比較せよ．このとき，どちらかにあってどちらかにないものがある．なぜか．その理由を自分なりに考えよ．

□**11.2** 本書で述べなかったMac OSについて，沿革，ファイルシステム，プロセス管理，保護などの機構を調べよ．

第12章

並列計算機用OS

プログラムを高速実行させるために，プログラムを複数のプログラム片に分割し複数のプロセッサで実行するため（並列処理）の計算機が並列計算機である．この並列計算機上の OS では従来の単一プロセッサ用 OS とは異なる課題が発生する．本章では，並列計算機の分類，並列計算機用 OS の課題，および各機能（プロセス管理，同期機構，メモリ管理）について述べる．

12.1 並列計算機とその分類

12.1.1 並列計算機とは？

ユーザプログラムを高速実行させるためには，1つのプログラムを複数のプログラム片に分割して，各プログラム片を計算機内の複数のプロセッサで実行すればよいと考えるのは自然な発想である．このために複数のプロセッサを有する計算機を**並列計算機**と呼ぶ．並列計算機はフリン（M.J. Flynn）が 1966 年に提案したコンピュータアーキテクチャを 4 つに分類した分類法では，SIMD 型（Single-Instruction, Multiple-Data streams），MIMD 型（Multiple-Instruction, Multiple-Data streams）が対応する．通常，並列計算機の中でもマルチプロセッサシステムと言えば，MIMD 型を指し本章ではこのマルチプロセッサシステムを対象とする．近年では，プロセッサよりも機能を小さくしたコア（core）を多く実装したメニーコア（many-core）の計算機も登場するようになった．

12.1.2 並 列 処 理

並列処理（parallel processing）とは，図12.1 に示すようにプログラムを複数のプログラム片に分割し，各プログラム片（AT，アクティビティと呼んでおく）を各々のプロセッサに割り当てて，当該プログラムを高速実行しようとする処理方式である．この並列処理はプログラムの高速実行のための自然な発想であり，古くから研究されてきた．当初はデバイス技術が追い付いていないこともあり不十分な側面もあったが，近年では当たり前の技術になっている．

12.1.3 マルチプロセッサシステムの分類

OS は計算機ハードウェアを効率よく管理する必要もあるので，マルチプロセッサシステムのハードウェアアーキテクチャを把握しておく必要がある．単一プロセッサ構成の計算機構成は単純化すれば 1 つのプロセッサと 1 つのメモリモジュールと複数の周辺装置から構成されており，この構成が安定的に採用されている．しかし，マルチプロセッサシステムはメモリアーキテクチャの観点からいくつか存在する．メモリアーキテクチャは OS から見た計算機ハードウェアの効率的管理に影響を与える．そこで，メモリアーキテクチャの観点からマルチプロセッサシステムを分類する．まず，共有メモリがあるか否かが重

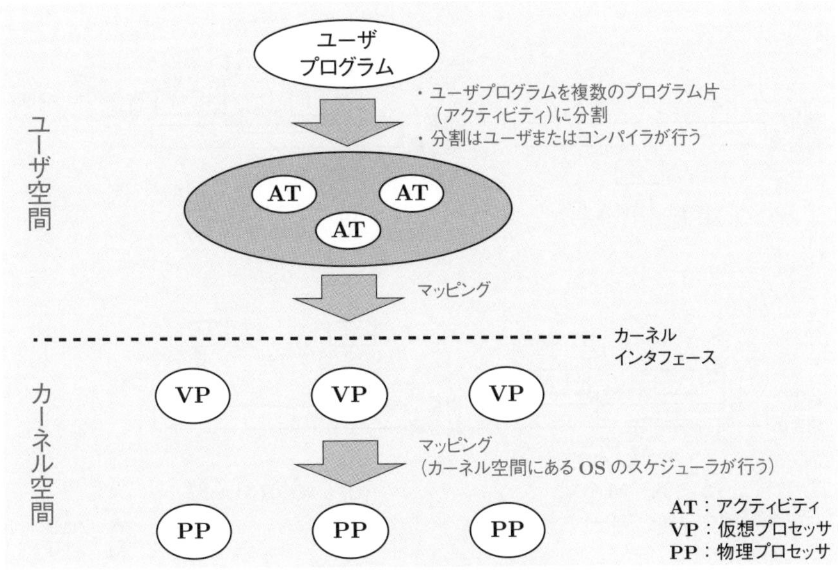

図12.1　並列処理の概要

要になる．図12.2 に示すように下記の分類となる．

(1)　メモリ共有型マルチプロセッサシステム

どのプロセッサからでもシステムの全てのメモリにハードウェア的にアクセスできるシステムである．さらに，メモリアクセス時間の違いにより下記に分類される．

1)　**均一型メモリ共有型マルチプロセッサシステム（UMA 型）**：どのプロセッサからどのメモリへのアクセス時間が均一になるシステムである．**UMA 型アーキテクチャ**（Uniform Memory Access）と呼ばれる．物理的には図12.2(a) に示すように 1 つのメモリモジュールとして構築されている．なお，プロセッサごとにあるキャッシュの存在によりメモリアクセスは厳密には均一にならないが，概ね均一である．

2)　**不均一型メモリ共有型マルチプロセッサシステム（NUMA 型）**：メモリ全体は共有メモリではあるが，メモリモジュールが物理的に分散配置されているアーキテクチャである．**NUMA 型アーキテクチャ**（Non-Uniform Memory Access）と呼ばれる．プロセッサごとにローカルメモリがあり，

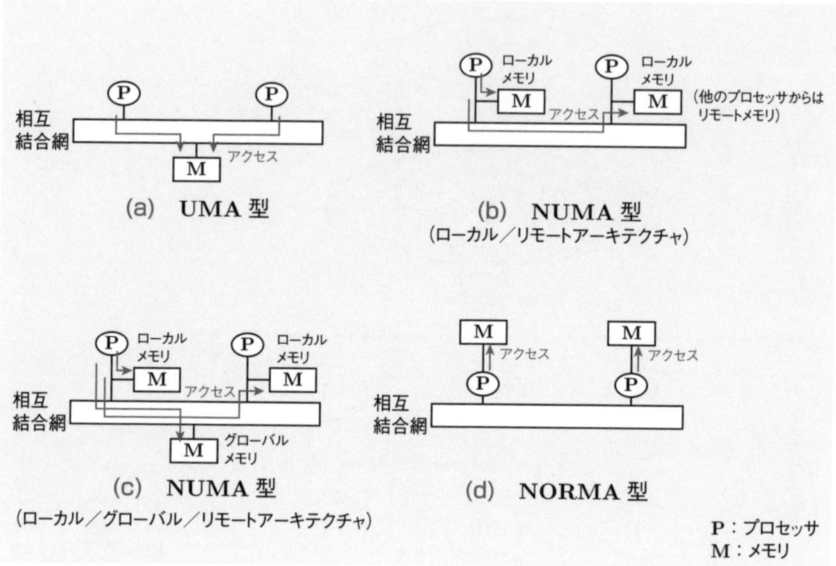

図12.2　メモリアーキテクチャから見たマルチプロセッサの分類

自分のローカルメモリには速くアクセスできるが，リモートメモリ（他プロセッサのローカルメモリ）にはネットワークを介したアクセスになるので遅くなる．OSはこれを意識したメモリ管理が必要である．なお，グローバルメモリがあるか否かにより，図12.2(b)（グローバルメモリがない），(c)（グローバルメモリがある）に示すように2つのタイプがある．

(2)　メッセージパッシング型マルチプロセッサシステム（NORMA型）

プロセッサとメモリが一対として1つのノードとして形成され，これらのノードがネットワークで繋がったシステムである．従って，ハードウェア的には，プロセッサは対となっている自分のメモリにしかアクセスできず，他プロセッサのメモリにはアクセスできない．**NORMA型アーキテクチャ**（No Remote Memory Access）と呼ばれる．これは，PCをネットワークで繋いだシステムを想像すれば分かりやすいが，実際は若干異なる．

12.2 OSから見た課題

12.2.1 単一プロセッサ用OSとの違い

単一プロセッサのシステムでは計算機は1つのプロセッサと1つのメモリモジュールで構成されていた．従って，OSは極論すると，どのプロセスをいつ実行する（プロセススケジューリング）か，どのプロセスをいつメモリに格納するかと言う時間の一次元のみを考慮すればよかった．しかしマルチプロセッサシステムでは，上記の時間軸の他にどのプロセッサ／メモリモジュールにと言う空間的な次元が加わる．すなわち，時間軸と空間軸の二次元を考慮する必要がある．すなわち，OSが考慮すべき次元が1つから2つに増えることになる．

12.2.2 並列処理の課題

並列処理はその動機から応用プログラムを高速実行することにある．高速実行のためにはOSから見れば，下記の課題がある．

(1) 高速な実行環境の提供

後述するように初期のUNIX OSが提供するプロセス（重量プロセス）はプログラムを分割して実行することを考慮していなく，その実行するための環境（プロセスの生成など）の生成に時間がかかるので，高速な実行環境を提供する必要がある．すなわち，スレッドの提供である．

(2) プロセス／スレッドスケジューリング

単一プロセッサの計算機のプロセススケジューリングでは，プロセスは互いに独立であると言うことを前提にしていた．並列処理ではプログラム（プロセス）をプログラム片（アクティビティ）に分割して各プロセッサで実行することになり，アクティビティ同士に何がしかの依存関係，協調関係が出てくるのが普通である．プロセスの高速実行のためには，これらの関係を考慮したスケジューリングが必要になる．

(3) 同 期 機 構

後述するように，アクティビティ間の協調関係を実現する機構が必要となる．

(4) メ モ リ 管 理

NUMA型，NORMA型アーキテクチャのような分散配置されたメモリをどのようにして効率的に行うかの管理が必要になる．

12.3 プロセス管理

(1) 軽い実行環境：スレッド

初期の UNIX OS は実行環境としてプロセスを提供し，この UNIX プロセスは 1 つのアドレス空間と 1 つの狭義のコンテキストが対になっているものであった．すなわち，重量プロセスである．従って 1 つのプログラムを並列処理しようとすると，複数の UNIX プロセスを生成する必要がある．この生成は狭義のコンテキストを複数生成する目的のために同じ仮想アドレス空間を複数生成しないといけないため，この仮想アドレス空間の生成のオーバヘッドが生じる．このため，4 章で述べたように，狭義のコンテキストであるスレッドの概念が生まれた．なお，スレッドの管理をカーネル空間（OS），ユーザ空間のどちらで行うかについて，カーネルレベルスレッドモデル（OS で実現），ユーザレベルスレッドモデル（ユーザ空間のライブラリとして実現），協調型ユーザレベルスレッドモデル（カーネル空間とユーザ空間との協調により実現）の 3 つの実現モデルがある．

(2) プロセス／スレッドスケジューリング

4 章で述べたように，単一プロセッサのプロセススケジューリングでは各プロセスが互いに独立であると言うことを前提にしていた．並列処理では分割されたアクティビティ間で互いに依存関係が生じることが普通である．このことは日常生活で，ある 1 つの仕事を複数の仕事片に分割して複数の人にやってもらう際，仕事片は互いに関係が出てくることが多いことを考えれば分かりやすい．単一プロセッサで安定的に採用されている優先度方式 + ラウンドロビン方式では依存関係を考慮していない．この協調関係を考慮したスケジューリング方式が必要となる．

○ **スケジューリングの分類**：スケジューリングを分類するとき，前述の例を想像すると分かりやすい．

- グループ全体で複数の仕事をやることになった．
- このとき，仕事のやり方の方法として下記がある．

方法 1) ある時間帯はある 1 つの仕事をグループ全員で行う．その時間帯で仕事が終わらなければ，その仕事を中断して（後回しにする），次の仕事を行う．

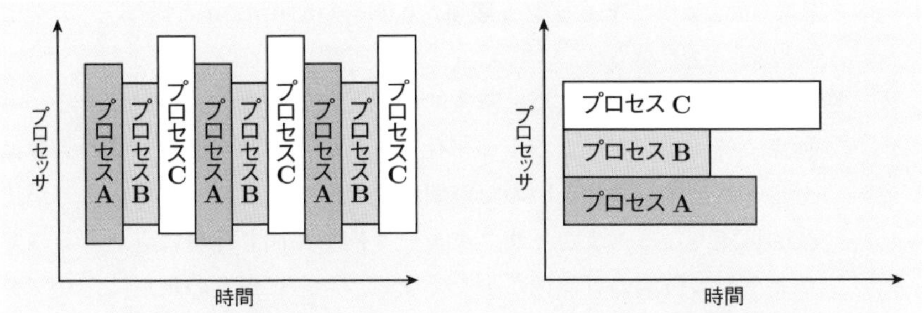

(a) 時分割方式　　(b) 空間分割方式

図12.3 スケジューリングの基本的分類

方法 2) グループ全体を複数のサブグループに分け，サブグループごとに仕事を行う．サブグループ 1 は仕事 1，サブグループ 2 は仕事 2 などである．

OS が考慮すべき次元として前述したように時間と空間の二次元があり，上記の方法 1)，2) の方法はそのどちらかで切ったかによる．**図12.3** に示すように，方法 1) は時間軸上で切ったので時分割方式，方式 2) は空間（プロセッサ）で切ったので空間分割方式と呼ぶ．時分割方式と空間分割方式各々の利点，欠点は下記の通りである．

1) **時分割方式**

- ◦ **利点**：ある時間帯はグループ全体で 1 つの仕事を行うので，仕事片に関する同期待ちが少なくなる．
- ◦ **欠点**：グループの人数（すなわちプロセッサの数）が多くなると，全員が時間軸上でシャープかつきれいに次の仕事に移ることが難しくなる．このことは，大勢の人がいるとき，指揮者が次の仕事に移れと言う号令をかける目的で笛を吹いても近くの人にはすぐに聞こえるが遠くの人にはその遅延が生じることからも分かるかと思う．計算機の世界では笛はプロセッサへの割込み，笛の到達遅れは割込み信号の遅延に対応する．プロセッサ台数が多くなると，次の仕事への移動がプロセッサ間で割込み信号の遅延のためシャープに切れないので，仕事の入れ替えを行う瞬間に次の仕事内容がキャッシュに入っていない可能性が高くなり（**キャッシュ破壊**，cache corruption と呼ぶ），アクセス時間が遅くなる．

2) **空間分割方式**：利点と欠点は基本的に上記の時分割方式と逆になる．

- ○ **利点**：各サブグループで 1 つの仕事を行い，各サブグループの人数はグループ全体より少ないので時間軸上でシャープに分割することが比較的可能となる．また，サブグループ内では同じ仕事に専念するのでキャッシュ破壊の可能性が少なくなる．さらに最大の利点は，サブグループごとにその内部のスケジューリングアルゴリズムを選択できることである．プログラムによっては，あるプログラムは FIFO が都合がよく，またあるプログラムはラウンドロビン方式が都合がよいなど，プログラムによって適したスケジューリングがあるかもしれない．空間分割方式はサブグループ内スケジューリング方式の採用に自由度があることである．なお，時分割方式はプロセス単位でタイムスライスを割り当てるラウンドロビン方式であり，固定されている．
- ○ **欠点**：サブグループではプロセッサ台数が少なくなるので，プログラム内のアクティビティが同時に動いている可能性が低くなり，そのため同期待ちになる可能性が高くなることである．

一般的に，プロセッサ台数が少ないときは時分割方式でもよいが，台数が多くなると空間分割方式がよい．なお，上記はあくまでも大まかな分類であり，図12.3 において空きで無駄になっている空間的／時間的箇所を有効利用する方法として多くのバリエーションがある．

12.4 同 期 機 構

プログラムを複数のプログラム片に分割したとき，プログラム片同士で何がしかの通信を行うことが普通である．

(1) 同期の種類

同期の種類として下記がある．

1) **競合によるもの**：複数のプロセス／スレッドの間である資源を競争により奪い合うための同期である．すなわち，クリティカルセクションである．クリティカルセクションに入れず待ちになった場合，プロセッサを浪費して待つスピンロック（spin lock）と待ちに入るときにプロセッサを明け渡すサスペンディッドロック（suspended lock）の 2 つの方法がある．7 章で述べたテスト アンド セット命令を用いた方法はスピンロック方式であり，セマフォはサスペンディッドロック方式である．

2) **協調によるもの**：複数プロセス／スレッドの協調動作を支援する同期である．代表例として，複数のプロセス／スレッドがある時点で足並みを揃えるバリア同期がある．

下記ではスピンロック，バリア同期について述べる．

(2) スピンロック

1) **単純ロック方式**：クリティカルセクションの制御方法として，**図12.4**に示すようにテスト アンド セット（T&S 命令）のマシン命令を用いるのが一般的である．この方法を本書では単純ロック方式と呼んでおく．しかし，この方法は並列システムでは効率が悪い．と言うのは，プロセッサごとにハードウェアキャッシュを実装しているのが普通であり，T&S 命令は結局書込み命令になるので，この命令を実行するたびにキャッシュ内のデータの不一致問題（キャッシュコヒーレンス問題）を解決するための制御メッセージがネットワークに流れ，ネットワークトラフィックが増加するためである．単純ロック方式の問題点を解決する方法として，下記がある．

2) **スヌーピングロック方式**：クリティカルセクションに入ろうとするときに，上記の単純ロック方式のようにいつも T&S 命令を用いるのではなくクリティカルセクションに入れる可能性のあるときにのみ，初めて T&S

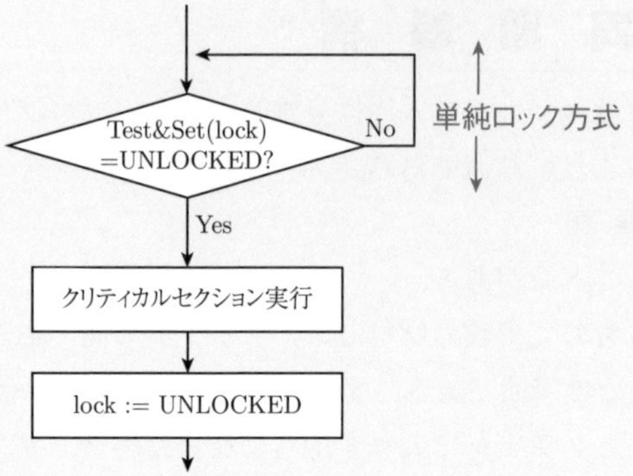

図12.4　スピンロックを用いた単純ロック方式

命令を発行する方法である．入れる可能性を見るには変数への読出し命令で見ればよいので，このときキャッシュコヒーレンス問題解決のための制御メッセージは流れない．

3)　**衝突回避ロック方式**：上記のスヌーピングロック方式は優れた方式であるが，プロセスがクリティカルセクションを出るときに変数をオフ（UNLOCKED）にした途端，入口で待っているプロセスが一斉に T&S 命令を発行することになる．このとき，バースト的にコヒーレンス制御メッセージがネットワークを流れることになる．衝突回避ロック方式は，このバーストトラフィックを軽減するために T&S 命令の発行をプロセス間でずらす方法である．

4)　**分散アルゴリズム**：1)〜3) の方法はいずれも 1 つの変数を用いていたため，プロセス数が多くなるとこの変数へのアクセスボトルネックが生じる．これを避ける方法として分散アルゴリズムがある．基本はトーナメント方式で行うことである．いくつかのバリエーションがある．

5)　**競合のないアルゴリズム**：上記の方法はいずれも競合による方式である．要は早いプロセスがクリティカルセクションに入る方式である．これはプロセッサの横取りには強いが（あるプロセスがサスペンドされても残りのプロセスで行える），サービスの公平性が必ずしも保証されない．そこで，このサービスの公平性を保証するために競合のないアルゴリズムがある．この基本的発想は，クリティカルセクションの入口で（論理的に）一列に

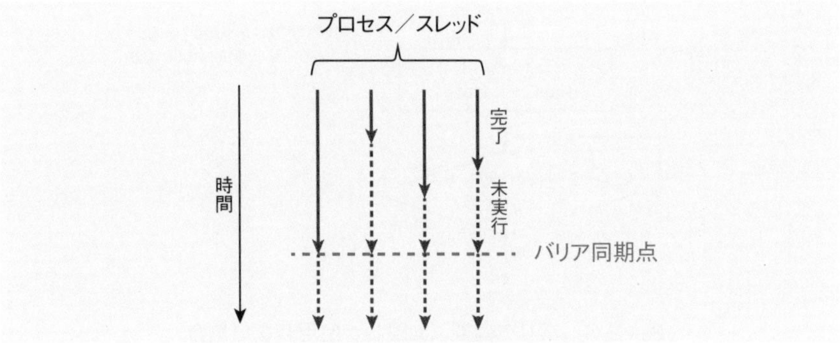

図12.5 バリア同期（線状バリア）

並び，先頭から入るようにすることである．みどりの窓口を想像するとよい．これには通し番号の整理券を渡すチケット方式と，実際にキューを構成するキューイング方式がある．

(3) バ リ ア 同 期

図12.5 に示すように，プロセス／スレッド間のある時点で実行の足並みの揃えたい場合がある．このための同期機構である．なお，バリア同期にはある一点（複数プロセスから見たら各点を繋いだ線になる）で足並みを揃える線状バリアと，プロセスのある区域内で足並みを揃える面状バリアがある．図12.5 は線状バリアである．バリア同期使用の典型例として，ループ内を展開して並列処理した後，ループ終了直後にバリア同期を埋め込むことがある．プログラムコード的には，バリア同期したい部分にバリア同期の関数（例えば，barrier() という関数）を埋め込むことになる．このバリア同期関数 barrier() の実現は，普通は図12.6 のようにすればよい．ここで，図中の count 変数はバリア同期に到着したプロセス数を表す．図の各ブロックは無論不可分に実行される．

1) **バリア関数の再初期化問題**：関数 barrier() をプログラム中 1 回しか使用しないときは，図12.6 でもよいが，プログラム中で同じバリア関数 barrier() を何回も使用したい場合が生じる．例えば，数値計算プログラムで繰返し法を採用している場合，繰返しごとにバリア同期関数を埋めることになるが，この繰返し回数が実行しないと分からないことが

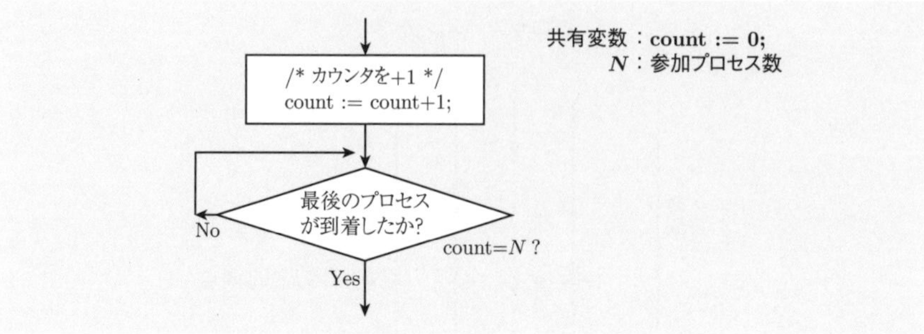

図12.6　バリア同期（1 回しか使用しない場合）

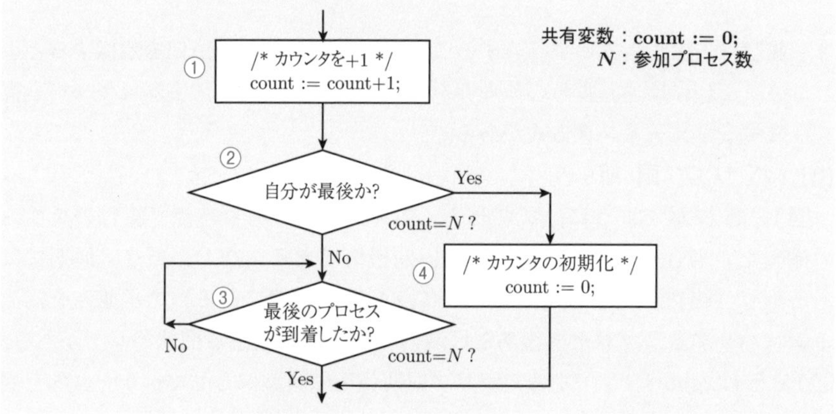

図12.7　再初期化問題を解決できないバリア同期関数

ある．このバリア同期関数を使いまわす際に**バリア関数の再初期化問題**（re-initialization problem）が生じる．すなわち同じバリア同期関数内で使用し，関数を抜け出すときに書き変わったデータ構造を再度使用するための元の初期データに戻すようにしないといけない問題である．例えばバリア同期関数内で変数 a を使用し $a = 0$ が初期値であった場合，バリア関数内で $a = 7$ になって抜け出そうとしているときに，抜け出す前に初期値 $a = 0$ に戻すことである．

2)　**再初期化問題への対応が難しい例題**：再初期化問題に対応するため，図12.6 を修正することがまず頭をよぎる．すなわち，図12.7 に示すようにバリア同期関数を抜け出すときに，最後のプロセス／スレッドが責任を持って初期値に戻す方法である（初期値が 0 ならば 0 に戻す）．しかし，この方法ではうまくいかない．例えば，下記を考える．

- バリア同期に参加するスレッド数 $N = 2$ とし，最初に到達したプロセスは③で 2 番目のスレッドの到着を待つ．
- 2 番目のスレッドは到着したら②を実行し，その後④を実行しようとするが②と④の間で中断したとする．この中断にはプロセススケジューリングでラウンドロビンを採用していた場合のタイムスライスを使い切ったとか，仮想メモリのページフォールトが生じたなどがある．
- 2 番目のスレッドが到着したので，1 番目のスレッドは③のループから抜け出し，次のバリア同期に入るとする．このとき，変数 count = 2 のままである．
- 次のバリア同期時点では 1 番目のスレッドはバリア同期関数内に入り，count = 3（元が 2 だったので）になり，③で待つことになる．1 番目のスレッドが実行中断した前のバリア同期関数内の④を実行する．このとき，count = 0 となる．
- 2 番目のスレッドが次のバリア同期関数に入ると count = 1 となり，2 つのスレッドがバリア同期関数に到着したにも関わらず，双方ともにバリア同期関数から抜け出すことができない．すなわち，バリア同期の役割を果たせないことになる．

3) **再初期化問題を解決する方法**：上記の問題は，複数のバリア同期時点を設けた場合にバリア同期を抜けたと言う履歴を次のバリア同期時点に反映していないことである．すなわち，あるバリア同期時点を抜ける条件と，次にバリア同期時点を抜ける条件を変えることである．この方法の 1 つとして**反転方式**（sense reversing）があり**図12.8** に示す．なお，図中の count 変数は前述とは異なり，バリア同期に到着していないプロセス数を表す．また，図中の F&D 操作は関数内の引き数を読み出した（Fetch）後，−1（Decrement）する不可分操作を表す．反転方式では，バリア同期点を抜ける条件を前の時点とは逆（反転させる）になっているのである．前のバリア同期点を抜ける条件が TRUE であれば，現同期点を抜ける条件を FALSE（TRUE を反転）にしているのである．なぜこれでうまくい

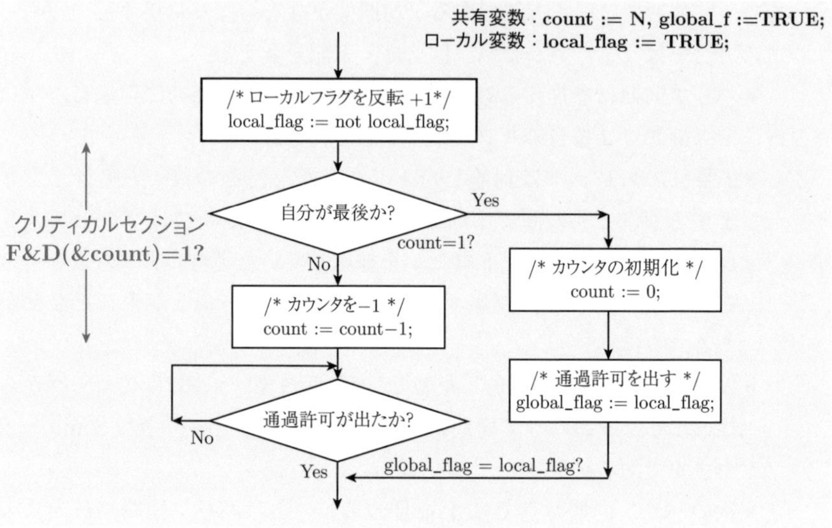

図12.8　反転方式

くのか，読者は考えて欲しい．

4) **分散アルゴリズム**：上記の反転方式は共有変数へのアクセスになるので，参加プロセス／スレッド数が多くなるとその変数へのアクセスが集中し，その変数が格納されているメモリモジュールのボトルネック，ネットワークトラフィックが増加し効率がよくない．そこで，いくつかの分散アルゴリズムがあり，基本的発想はトーナメント方式でバリア同期を行うことである．

12.5　メモリ管理と分散共有メモリ

ユーザから見ると並列計算機内で分散配置されているメモリモジュールが共有メモリに見えた方がプログラミングしやすいなど，何かと便利である．そこで，図12.9 に示すように，分散配置されたメモリモジュールを共有メモリとしてユーザに見せる仕掛けが**分散共有メモリ**（DSM，Distributed Shared Memory）である．

(1)　分散共有メモリの実現方法

DSM の実現方法には下記の 2 つがある．

- **ハードウェアで実現する**：これは NUMA 型アーキテクチャである．
- **ソフトウェアで実現する**：NORMA 型マルチプロセッサ上にソフトウェアで実現する方法である．ソフトウェアで実現する方法をハードウェア実現と区別するため，あえてソフトウェア分散共有メモリ（software distributed shared memory）と呼ぶことがある．また，管理する論理的単位を DSM ブロックと本書では呼んでおく．イメージを掴むための DSM ブロックを論理ページとした例を図12.10 に示す．

(2)　ソフトウェア分散共有メモリ

カーネル空間（OS 内）で実現するか，ユーザ空間で実現するかの 2 つの実現レベルがある．

1)　**カーネル空間内で実現する**

利点：ページ表などのメモリハードウェアの提供機構をフルに活用できる．

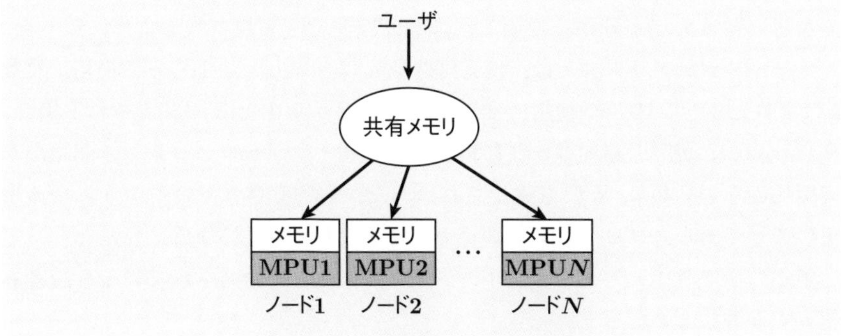

図12.9　分散共有メモリの概念

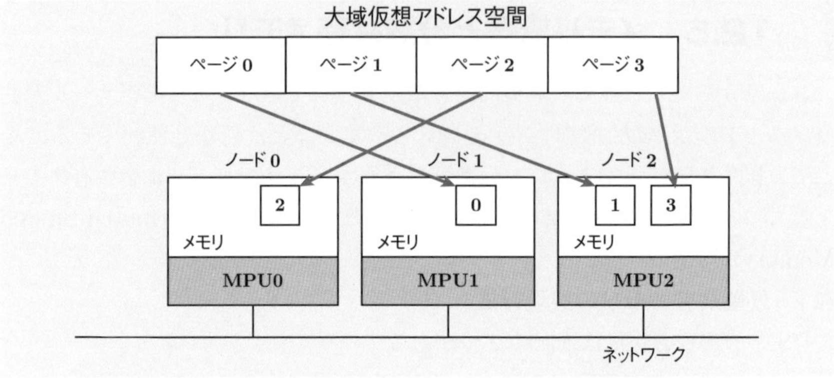

図12.10　ページを基盤としたソフトウェア分散共有メモリ

欠点：カーネルの変更が必要なので多大な労力を有する．

2) **ユーザ空間で実現する**：OS に手を加えないで，ユーザ空間で実現する方法である．利点，欠点は上記と逆であり，その実現できる機能は OS がユーザ空間にどのような機能を提供しているかに依存することになる．

(3) 開発の歴史

ソフトウェア分散共有メモリの開発初期はカーネル空間で実現することが多く，このとき DSM ブロックは仮想アドレス空間内の論理ページに設定することが多かった．と言うのは，ページ表内の情報（有効／無効ビット，書込みアクセスを補足するために保護ビットを活用できるからである（すなわち，保護ビットを読出し許可に設定））．このとき，DSM ブロックが論理ページと言う大きな単位になるため**フォールスシェアリング**（false sharing）の可能性が高くなると言う欠点が分かったので，ユーザ空間でも実現されるようになった．フォールスシェアリングとは，例えば変数 a はプロセッサ 1 のみで使用，変数 b はプロセッサ 2 のみで使用，変数 c はプロセッサ 1 と 2 で共有される場合，変数 a，b，c が同一論理ページに格納され，キャッシュコヒーレンス問題が本来関係のない変数 a，b にも適用され，あたかも共有されているようになる現象のことである．コヒーレンスメッセージが流れることになる．

多くのソフトウェア DSM がオープンソースとして公開されている．読者も使ってみるとよいだろう．

12章の問題

□**12.1**　並列計算機としてどのようなタイプがあるか，分類せよ．

□**12.2**　並列計算機用OSではどのような課題があるか，単一プロセッサ用OSと比較せよ．

□**12.3**　プロセッサごとにキャッシュがあるプライベートキャッシュを装備している共有メモリ型マルチプロセッサ，およびこの上で並列処理することを考える．このとき，単純なスピンロック方式は並列処理では効率が悪い．なぜか，その理由を述べよ．この問題を解決する新たな方式を述べるか提案せよ．

□**12.4**　バリア同期における再初期化問題とは何か，述べよ．また，これを解決する方法を述べよ．

□**12.5**　再初期化問題を解決するバリア同期方式として反転方式がある．反転方式がなぜうまくいくのか証明せよ．

□**12.6**　分散共有メモリとは何か，述べよ．またどのような方法があるか，その利点，欠点も含めて述べよ．

第13章

コンピュータネットワークとOS

複数のコンピュータをネットワークで結合した分散システムが当たり前になっている．この分散システムで実装されている OS とはどのようなものであろうか？またどのような課題があるのだろうか？本章ではコンピュータネットワークに関するネットワーク OS と分散 OS との違い，さらに各々の概要などについて述べる．

13.1　コンピュータネットワークシステム

複数のコンピュータがネットワークで繋がれたシステムが**コンピュータネットワークシステム**である．

13.1.1　形態と分散処理

コンピュータネットワークを，その範囲とネットワークトポロジーの観点から以下に分類する．

(1)　ネットワークの範囲による分類

ネットワーク範囲としては下記の 2 つの形態がある．

1)　**LAN（Local Area Network，ローカルエリアネットワーク）**：ローカルと言う名前が示すように範囲は狭くて，広くても一施設内程度の規模のコンピュータネットワークのことである．一般家庭，地域に分散された企業組織などで使用されている．

2)　**WAN（Wide Area Network，ワイドエリアネットワーク）**：LAN と比べて，広範囲におよぶコンピュータネットワークのことである．最大規模は地球規模のネットワークであるインターネットであり，WAN はこの意味で使われることが多い．また，LAN と LAN を繋ぐネットワークの意味でも使用される．

(2)　LAN ネットワークのトポロジーによる分類

主に，LAN で採用されているネットワークトポロジーとして下記がある．

1)　**スター型ネットワーク**：全てのノードは中継などを行う中央のノード（ハブ）を介して通信するトポロジーである．故障などを特定しやすいと言う利点を有するが，ハブが故障すると全体が機能しなくなるため二重化などの対策をとることが多い．

2)　**バス型ネットワーク**：12 章で述べたマルチプロセッサアーキテクチャの UMA 型アーキテクチャに類似したものである．バスと呼ばれる 1 本の伝送路に全てのノードがぶら下がっているトポロジーである．実装は容易だが，バスがボトルネックになるのでぶら下がるノードを増やすことが難しくなる．

3)　**リング型ネットワーク**：全てのノードをリングの形で構成するトポロ

ジーである．リングの一部が故障すると全体として機能しなくなる欠点があるので，二重化する対策がとられることが多い．

13.1.2　通信プロトコルと OSI 参照モデル

コンピュータあるいは端末の間では互いに通信を行う必要がある．そのための通信手段と規約のことをプロトコル（protocol）と呼ぶ．プロトコルを体系化するにあたり，階層化が最も自然な発想である．この階層化の概念は，大規模システムを構築する場合に一般的に採用される概念である．ハードウェアに近い階層から番号を付与した場合，階層 n では，その下の階層 $n-1$ が提供するサービスを用いて機能を実現し，上位層の階層 $n+1$ に対してサービスを提供する．現在，最も標準的なプロトコルが **OSI 参照モデル**であり，図13.1に示すように下記の 7 つの階層から構成されている．

1) **階層 1　物理層（physical layer）**：伝送媒体上のビット単位の物理的な接続を扱う．伝送媒体上の電気的，物理的特性に依存した伝送方法，コネクタの物理的な形状（コネクタのピンの数など）などを規定している．
2) **階層 2　データリンク層（datalink layer）**：直接的，すなわち隣接されている通信機器間で信頼性のあるビット転送を行う．
3) **階層 3　ネットワーク層（network layer）**：指定した相手端末にどの

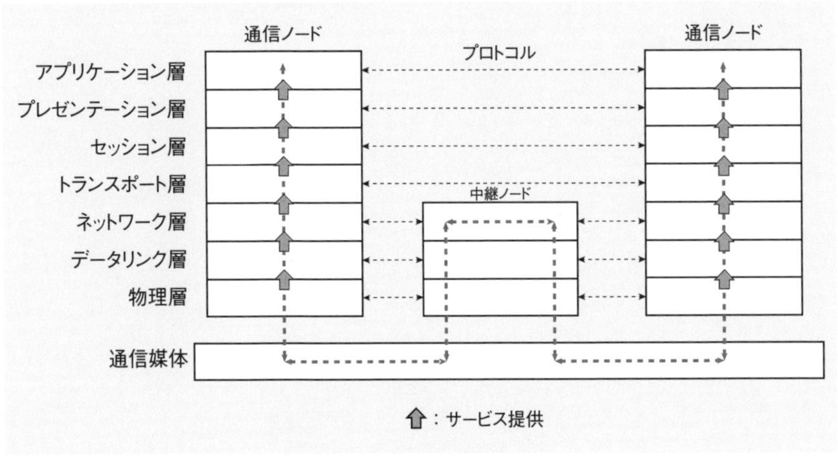

図13.1　**OSI** 参照モデル

ような経路で送るかのルーティングを決定する.

4) **階層4　トランスポート層（transport layer）**：通信し合うノード同士で，信頼性／効率性（エラー訂正，再送制御）の通信管理を行う.
5) **階層5　セッション層（session layer）**：通信し合う通信プログラム（プロセス）間で通信の開始から終了までの手順，プロトコル（接続が途切れた場合の接続の回復を含む）を実現する.
6) **階層6　プレゼンテーション層（presentation layer）**：各ノードの情報表現形式を標準的な形式に変換して転送する．例えば，EBCDICコードのテキストファイルをASCIIコードのファイルへ変換する．またデータ圧縮，暗号化などが適用される.
7) **階層7　アプリケーション層（application layer）**：多様なアプリケーションプログラム（例えばファイルやメールの転送，遠隔データベースへのアクセスなど）のための基本的機能を提供する．**HTTP**（Hypertext Transfer Protocol）や**FTP**（File Transfer Protocol）などの通信サービスが含まれる.

なお，中継ノードでは，物理層からネットワーク層までを実現する.

13.2　ネットワーク OS と分散 OS

13.2.1　ネットワーク OS と分散 OS との違い

複数の計算機（ノード）とネットワークから構成される分散システム上に実装され，分散処理を支援する OS に**ネットワーク OS**（network OS）と**分散 OS**（distributed OS）の 2 つがある．両者の違いは下記の通りである．

(1)　ネットワーク OS

ユーザは各ノードを意識した操作，プログラミングが必要となる．代表的には，遠隔ログイン（他ノードへのログイン），遠隔ファイル転送がある．ユーザから見ると操作が面倒になるが，大規模システムで採用される．

- **利点**：実装が後述する分散 OS に比較して容易であり，大規模システムに適している．
- **欠点**：ユーザは各ノードを意識しないといけないので，操作，プログラミングが面倒となる．例えば，プログラムを他ノードで実行したい場合に相手ノードを指定しないといけない．

(2)　分　散　O　S

ユーザが複数のノードを意識することなく，あたかも 1 つの計算機システムに見えるようにするのが分散 OS である．利点，欠点は上記のネットワーク OS と逆になる．

- **利点**：ユーザから見るとノードを意識することなくあたかも 1 つの計算機のように見えるので，操作，プログラミングが容易である．極論すると，ユーザはこれまで通り自分の PC と同じように操作すればよい．
- **欠点**：分散 OS の構築，実装がネットワーク OS に比べてより困難になる．大規模システムでは難しい．

13.2.2　ネットワーク OS

ネットワーク OS の重要な機能はユーザが他ノードにログインし，ファイルを転送（遠隔ファイル転送）することである．

(1)　遠 隔 ロ グ イ ン

インターネットでは telnet（tletype network）機能を用いることが多い．まず，ユーザはログインしたいノード（計算機）上で正当なアカウントを持つ必要がある．telnet コマンドの引数として相手計算機を指定する．

(2) 遠隔ファイル転送

インターネットではファイル転送プロトコルであるFTP機能を提供している．ftp コマンドで相手計算機を指定する．その後，次に示すコマンドが提供されており，このコマンドを用いる．

- **get**：相手ノードのファイルを自分の計算機に持ってくる．
- **put**：自分の計算機上のファイルを相手ノードに送る．
- **ls** または **dir**：相手計算機上のカレントディレクト内のファイル一覧を表示する．

13.2.3 分散OS

分散OSの重要な機能として，ファイルシステム，各ノードの負荷均衡制御(load balancing)，高速アクセスのためのキャッシングがある．各々を以下に述べる．

(1) 分散ファイルシステム

分散ファイルシステムでは，複数のノードに分散されているファイルシステムを意識せずに1つのファイルシステムにユーザから見えるようにする（**ファイルの透過性**(file transparency)と呼ぶ)機能を提供する．従って，ユーザは他のノードにあるファイルでもあたかも自分のPCにあるようにアクセスできる．

まず，ファイルの位置によらないファイルのネーミング機能をどのようにするかである．この実現方法として下記がある．

- ファイルのディレクトリ構造の一部を自分の名前木に追加する（遠隔マウントと呼ぶ)．UNIX系OSの分散ファイルシステムとして広く利用されているNFS（Network File System）はこの方式を用いている．ユーザは結合された名前木の構造上でファイルを指定することになる．本方式はノードごとに名前木が異なるので同じファイルでもノードごとに異なる名前になると言う欠点がある．また，その他の方法として単一の大域名前木を構築し，それを各ノードで共有する方法もある．

(2) プロセス移動

複数のプロセスは，複数のノードでそれぞれ実行されることになる．このとき，負荷均衡制御（load balancing）が重要となる．すなわち，あるノードに負荷が集中しないようにする制御である．事前に各ノードへプロセスを静的に割り当てることが無論重要にはなるが，プロセスの実行時間は事前に大まかには予想できても最終的には実行してみないと分からない．従って，事前の負荷均衡制御だけではノードへの負荷の集中は回避できず，時々刻々ノード負荷の様子を見ながら，あるプロセスを他のノードに移動させて実行させる手段が必要となる．この機構を**プロセス移動**（process migration）と呼ぶ．

プロセス移動するためにまず考えられる素朴な方法は，プロセス全体を予め元ノードから実行したいノード（相手ノード）に転送する方法である．しかし，この方法では，転送はネットワーク経由になり時間がかかることにもなるし，転送されたプロセス全体が全て使用されるかどうか分からず，結果的に未使用になった部分の転送が無駄になってしまう．そこで，参照時コピー（**コピー オン リファレンス**，copy-on-reference）と言う技術が用いられる．すなわち，実行ノードで参照があった部分のみを元ノードから転送する方法である．

この参照時コピー方式は，仮想メモリでページングシステムを採用している場合では下記のように実現する．

- 最初に，相手ノードではプロセスのページ表のみを作成する（実体は転送しない）．さらに，アクセスを捕捉し OS に制御が移るようにするため，当該ページ表の全ての有効／無効ビットをオフ（無効）にしておく．あるいは，より進んだ方法としてプロセス実行時に最初に必ずアクセスすると分かっている論理ページを元ノードから相手ノード内に転送しておく方法もある．この方法では，それを反映するようにページ表の有効／無効ビットを設定する．すなわち，最初にアクセスする論理ページの有効／無効ビットをオン（有効）にする．
- 相手ノードにおいて，ある論理ページにアクセスがあり当該論理ページの有効／無効ビットがオフであれば，OS にページフォールトの形で割出しが入り OS に制御が移る．
- OS はプロセス移動のためにページフォールトが生じたと言うことを把握しているので，当該論理ページがどのノードにあるか調べ（情報管理は集中管理または分散管理の 2 つの方法がある），当該論理ページを持っている元ノードに自分のノードにページを転送してもらうよう依頼する．これを反映するように，有効／無効ビットを書き直す．すなわち，ページフォールトを起こした論理ページの有効／無効ビットをオフからオンにする．

- 中断したプロセスを再開する．今度はアクセスできる．
- プロセスの実行に沿って，上記のページフォールト以降の処理を繰り返す．

(3) キャッシング

分散OSではユーザから見れば他ノードにあるデータも位置を意識せずにアクセスできるのであるが，ハードウェア的にはネットワークを介してアクセスすることになるので遅くなる．そこで，高速アクセスする技術が**キャッシング**(caching) である．キャッシング技術は，一般的には遠くにある実体（プログラム，データ構造など）を自分の近くにコピーしておく技法であり，多様な局面で採用されている．例えば，代表的には下記がある．

- メモリ内のデータをプロセッサごとにあるハードウェアキャッシュに持ってくる技術．
- 6章で説明したページ表の一部のコピーをキャッシュのTLBに置く技術．
- 12章で述べたNORMA型メモリアーキテクチャ上のソフトウェアDSMで，他ノードのDSMブロックを自分のメモリにキャッシュとして置く技術．
- ディスクにあるファイルをメモリにキャッシュとして置く技術．

キャッシング技術は，分散OSでは他ノード内のデータを自分のノードに置くことになる．このとき自分のメモリにどのような形態で置くかにより，下記の2つの方法がある．

1) **コピー方式**：元のデータはそのままにして，それをコピーして持ってくる方法である．
2) **移動方式**：元のデータを削除して，自分のところに移動させる方法である．

1) のコピー方式は双方のノードが自分のメモリにアクセスできるので，読出しアクセスのみであれば高速にアクセスできると言う利点がある．欠点は，書込みアクセスがあった場合，双方のデータの不一致問題（キャッシュコヒーレンス問題）が生じ，この問題を解決するための制御メッセージが流れてオーバヘッドが生じることである．2) の移動方式はキャッシュコヒーレンス問題は生じないが，データがノード間で行き来するピンポン現象が生じることになる．

13章の問題

□**13.1** ネットワーク OS と分散 OS との違いを述べよ．また各々の利点，欠点を議論せよ．

□**13.2** ネットワーク OS と分散 OS の各々について，考慮すべき課題を述べ，また解決方法も述べよ．

問題略解

多くの章末問題はその解答を本書の中で述べている．ここではその概要を述べる．詳細は各章を参考にして欲しい．

1章

1.1　OSはハードウェアとユーザとの間に位置するプログラムであるので，OSの目的と役割は，ハードウェア資源に対しては効率的な管理と活用を，ユーザに対しては使い勝手のよい環境を提供することである．

1.2　下記の機能がある．

- 計算機と周辺入出力装置との間の管理を行うI/Oシステムと割込み機構
- 情報の塊を管理するファイルシステム
- プログラムを実行するためのサービスを提供するプロセス管理
- 物理メモリの有効活用とプログラムの空間を提供するメモリ管理
- プロセス間の同期機構の実現（クリティカルセクション問題への対応，セマフォなどの使い勝手のよい同期機構の提供）
- デッドロックへの対応
- ネットワーク管理

1.3　下記の仮想化がある．

- **空間的な仮想化**：計算機ハードウェアの仮想化で，具体的には物理プロセッサの仮想化（仮想プロセッサの提供），物理メモリの仮想化（仮想メモリの提供）など
- **時間的な仮想化**：多重プログラミング機構の提供など

1.4　**理由**：ユーザプログラムの不具合により，OSプログラムが破壊されることがあるからである．

保護方法：古くは物理メモリ自体を境界レジスタ，上限／下限レジスタなどで保護する方法があったが，近代は下記の保護方法を採用している．

- **OSプログラムをユーザプログラムから保護する方法**：OS空間とユーザ空間との分離による保護．
- **ユーザプログラム同士の保護方法**：ユーザプログラムごとの仮想アドレス空間の提供による保護．

1.5　カーネルデータの一貫性を保つ問題である．

1.6　省略

1.7　割込み禁止命令を発行したプロセッサ以外のプロセッサに割込みが入る可能

性があるからである．

2章

2.1　多重プログミング機構のコンテキストスイッチングを実現するためのレジスタ構成，割込み機構の実現のための周辺装置のハードウェア構成などの理解が必要である．さらには細かく言えば，DMA 転送のためのキャッシュ構成の理解も必要である．

2.2　下記のポーリングと割込みの 2 つがある．

- **ポーリング**：プロセッサの方から自らチェックする方法である．利点は実現が容易，欠点はプロセッサを浪費することである．
- **割込み**：プロセッサから依頼された入出力操作の完了を入出力装置の方から通知する方法である．利点と欠点は，上記のポーリングと逆であり，利点はプロセッサを浪費しないこと，欠点は実現がポーリングより難しいことである．

2.3　下記の処理から構成される．

1) **前処理**：現在実行しているプログラムを割込みの後で再開するため，当該プログラムのコンテキストを保存する．
2) 割込みが入った周辺装置を特定するための割込みハンドラ（割込みベクタ表）を実行し，その後，割込み内容に対応した処理を行う割込みルーチンを実行する．
3) **後処理**：上記の操作 1) と逆の操作を行う．すなわち，割込み時点に中断したプログラムを再開するために当該プログラムのコンテキストを復元する．

2.4　省略

3章

3.1　情報の塊である．多様な表現形式がある．

3.2　ファイルシステムは OS がユーザに提供しているサービスであるからである．

3.3　ファイルの生成，削除，オープン，読み書き，クローズである．特定 OS の具体的関数は省略する．

3.4　**空き領域管理方式**：ビットマップによる管理方式とリストによる管理方式の 2 つがある．各方式の利点と欠点は本章を参照すること．

ファイル割当て方式：連続割当て方式，分割割当て方式，索引付き割当て方式の 3 つがある．各方式の利点と欠点は本章を参照すること．

3.5　first-fit，best-fit，worst-fit の 3 つがある．各方式の利点と欠点は本章を参照すること．

3.6　下記に示す FCFS 方式，最短位置決め優先方式，SCAN 方式がある．

- **FCFS 方式（First-Come First-Served）**：要求順（先着順）にトラックを移

動させる方式である．利点は要求順と言うある意味の公平さがあること，欠点はアームの移動時間（シーク時間）が必ずしも最短とはならないことである．

- **最短位置決め優先方式**：アームの現在の磁気ヘッドの位置から最短のトラックへ移動させる方式である．利点は上記の FCFS よりもシーク時間が短くなること，欠点はシーク時間の局所最適化であり，大域的な最適化ではないので全体的にシーク時間が最小とはならないこと，FCFS のようなサービスの公平性がないこと，さらに後述の SCAN 方式に比べてヘッドを移動させるメカニック部分に過度の負荷がかかりやすく，故障しやすくなることである．
- **SCAN 方式**：現在の磁気ヘッドの移動経歴を考慮した方式である．すなわち，現在の磁気ヘッドが円盤の内側から外側に向かって移動したのであれば，円盤の外側に向かって移動させながらトラック処理を行う方式である（逆に外側から内側に向かって移動したのであれば内側に向かって移動させる）．エレベータの動きに似ていることからエレベータアルゴリズムとも呼んでいる．利点はアームを移動させるメカニック部分に過度な負荷がかかりにくくなり故障しにくくなることである．欠点は FCFS のようなサービスの公平性がないことである．本方式には，トラック要求がないのに円盤の両端まできちんと移動させるか否か，円盤の片方（例えば内側）から戻るときに戻りながら処理を行うか，あるいはもう片方（例えば外側）にジャンプするか否かなど，いくつかのバリエーションがある．

3.7 省略

4章

4.1 中断時点に実行していたプログラムを後で再開するために，当該プログラムのコンテキストの保存，実行したいプログラムのコンテキストの復元，この 2 つの操作を OS が行う．

4.2 **図A.1** に示す．

4.3 **図A.2** に示す．

4.4 **図A.3** に示す．A，B，C の順に到着した**図4.6** では平均ターンアラウンド時間が 55/3 であったものが，B，C，A の順に到着すると**図A.3** に示すように 70/3 となっている．このように，先着順サービスはプロセスの到着順序の影響を受けやすい．

4.5 スレッドとは狭義のコンテキストを抽象化したものであり，並列処理を契機として誕生したものである．スレッドモデルとしては，カーネルレベルスレッドモデル，ユーザレベルスレッドモデル，協調型ユーザレベルスレッドモデルの 3 つがある．各モデルの利点，欠点は本章を参照すること．

プロセス名	実行時間	優先度
プロセスA	10	2
プロセスB	1	3
プロセスC	2	1
プロセスD	3	0

1)　先着順サービス

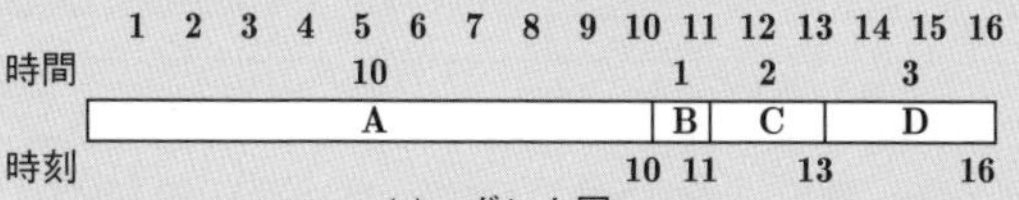

(a)　ガント図

(b)　ターンアラウンド時間
- ・プロセスA：10−0=10
- ・プロセスB：11−0=11
- ・プロセスC：13−0=13
- ・プロセスD：16−0=16

(c)　平均ターンアラウンド時間
=(10+11+13+16)/4=50/4

2)　最短処理時間優先方式

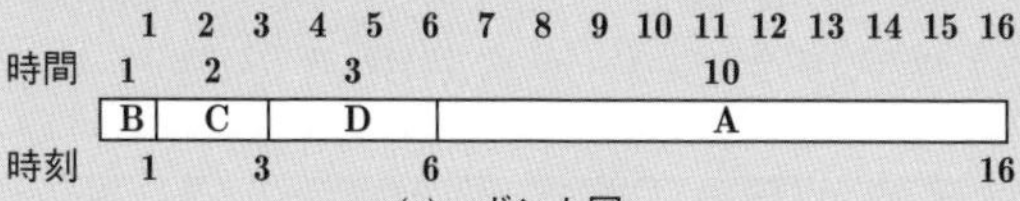

(a)　ガント図

(b)　ターンアラウンド時間
- ・プロセスA：16−0=16
- ・プロセスB：1−0=1
- ・プロセスC：3−0=3
- ・プロセスD：6−0=6

(c)　平均ターンアラウンド時間
=(16+1+3+6)/4=26/4

3)　優先度方式

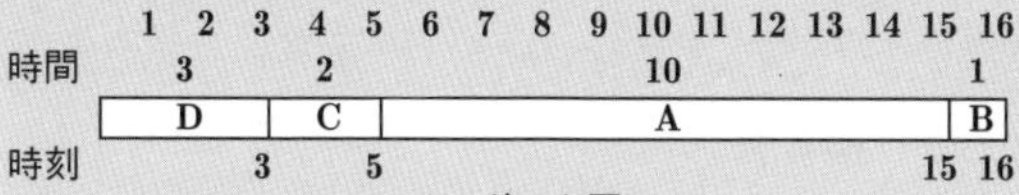

(a)　ガント図

(b)　ターンアラウンド時間
- ・プロセスA：15−0=15
- ・プロセスB：16−0=16
- ・プロセスC：5−0=5
- ・プロセスD：3−0=3

(c)　平均ターンアラウンド時間
=(15+16+5+3)/4=39/4

4)　ラウンドロビン

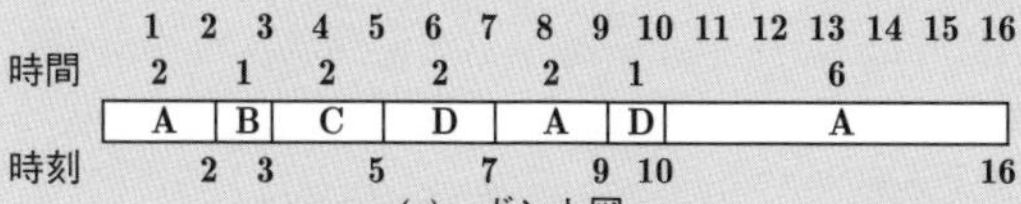

(a)　ガント図

(b)　ターンアラウンド時間
- ・プロセスA：16−0=16
- ・プロセスB：3−0=3
- ・プロセスC：5−0=5
- ・プロセスD：10−0=10

(c)　平均ターンアラウンド時間
=(16+3+5+10)/4=34/4

図A.1

プロセス名	到着時刻	実行時間
プロセスA	0	7
プロセスB	1	4
プロセスC	2	9
プロセスD	3	5

1) 最短処理時間優先方式

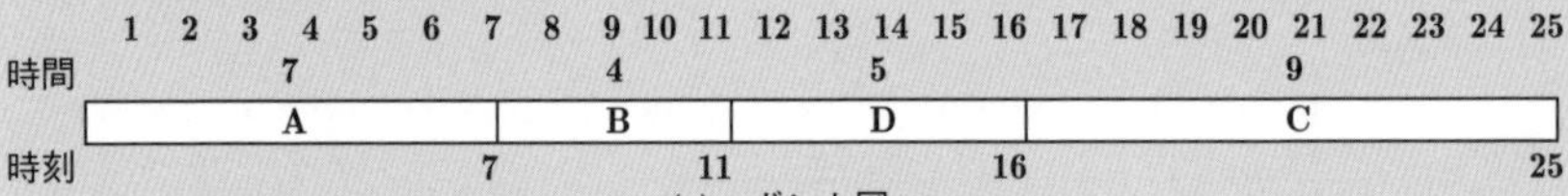

(a) ガント図

(b) ターンアラウンド時間
- ・プロセスA：7−0=7
- ・プロセスB：11−1=10
- ・プロセスC：25−2=23
- ・プロセスD：16−3=13

(c) 平均ターンアラウンド時間=(7+10+23+13)/4=53/4

2) 最小残り時間優先方式

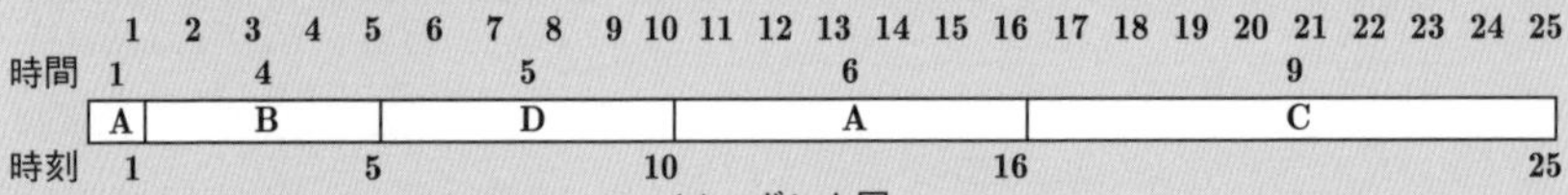

(a) ガント図

(b) ターンアラウンド時間
- ・プロセスA：16−0=16
- ・プロセスB：5−1=4
- ・プロセスC：25−2=23
- ・プロセスD：10−3=7

(c) 平均ターンアラウンド時間=(16+4+23+7)/4=50/4

図A.2

プロセス名	実行時間
プロセスA	5
プロセスB	15
プロセスC	10

時刻0でほとんど同時に
B, C, Aの順番で到着した場合

ターンアラウンド時間
- ・プロセスA：30−0=30
- ・プロセスB：15−0=15
- ・プロセスC：25−0=25

平均ターンアラウンド時間
=(30+15+25)/3=70/3

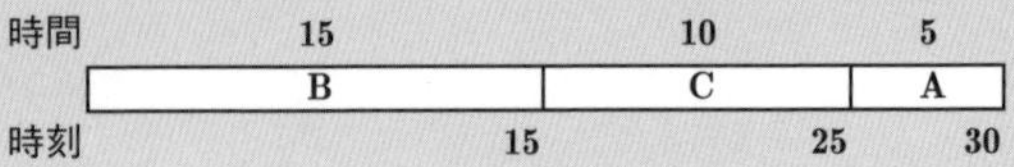

ガント図

図A.3 B, C, A の順で到着した先着順サービス

5章

5.1 ファイルシステムにおけるファイルのディスクへの格納方式と同様に，連続割当て方式，分割割当て方式がある．分割割当て方式においては，分割の単位として一定長のページに分割するページングと，論理的にまとまった単位で分割するセグメンテーションがある．各方式の利点と欠点は，本章を参照すること．

5.2 3 章で述べた first-fit，best-fit，worst-fit がある．各方式の利点，欠点も 3 章で述べたことと同様である．

5.3 ページングは，プログラムをページと呼ぶ固定長の大きさに分割して一次元で管理する方法である．利点は外部断片化が生じにくくなること，欠点は下記のセグメンテーションに比べてある 1 つの論理的集まり（例えばメイン関数）のサイズ変更がプログラム全体のアドレス空間に影響を与えることである．

セグメンテーションは，プログラムをセグメントと呼ぶ論理的な集まりに分割して管理する方法である．利点と欠点は基本的にページングと逆であるが，利点はある 1 つのセグメントのサイズ変更がプログラム全体のアドレス空間に影響を与えないこと，欠点はセグメントはメモリ内の連続領域に格納されることが前提なので外部断片化が生じやすくなることである．但し，この欠点は，ページ化セグメンテーションを採用することによって軽減される．

5.4 論理ページ数 $= 2^{32}/2^{14} = 2^{18}$，ページ表サイズ = 論理ページ数 × 2 バイト $= 2^{18} \times 2$ バイト となる．

5.5 **図A.4** に仮想アドレスとページ表の構成図を示す．

- 基本的に，20 ビット長の大きさのユーザプログラムが表現できるように，3 段階のページ表を構成すればよい．
- まず，論理ページ長 = 16 ビット であるので，オフセットは 16 ビットである．
- プログラム長 = 20 ビット であるので，64 ビットの仮想アドレスでは 20 ビットまで使用することになる．すなわち，第三ページの下位 4 ビット（$= 20 - 16$）まで使用することになる．
- 上記をまとめると，ページ表は，第一ページ表は 1 つ，第二ページ表は第一ページ表のエントリ 0 が指す 1 つ，第三ページ表は第二ページ表のエントリ 0 が指す 1 つの計 3 つのページ表が必要である．
- 各ページ表の大きさは，

$$第一ページ表サイズ = 2^{20}(エントリ数) \times 2\ バイト/エントリ = 2^{21}バイト$$

$$第二ページ表サイズ = 2^{12}(エントリ数) \times 2\ バイト/エントリ = 2^{13}バイト$$

$$第三ページ表サイズ = 2^{16}(エントリ数) \times 2\ バイト/エントリ = 2^{17}バイト$$

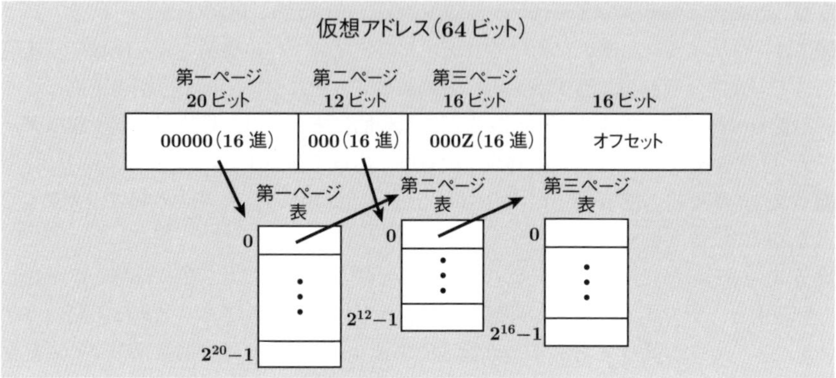

図A.4　3 段ページング

となる．従って，

$$\begin{aligned}\text{ページ表サイズ} &= \text{第一ページ表サイズ} \times 1 \\ &\quad + \text{第二ページ表サイズ} \times 1 + \text{第三ページ表サイズ} \times 1 \\ &= 2^{21}\text{バイト} + 2^{13}\text{バイト} + 2^{17}\text{バイト}\end{aligned}$$

となる．なお，実際は多くの空エントリを効率的に管理するなどの工夫が採用されている可能性がある．

5.6　省略

6章

6.1　(a)　論理ページ長 = 16 ビット であるので，仮想アドレス 32 ビットを上位 16 ビット（$= 32 - 16$）と下位 16 ビットに分ける．論理ページ番号 = ABCD（上位 16 ビット），オフセット = 1234（下位 16 ビット）となる．

(b)　論理ページ ABCD (16 進表示) が格納されているページフレーム番号が WXYZ (16 進表示) だとすると，物理アドレス = WXYZ1234 となる．

6.2　**図A.5** になる．

6.3　(a)　OS で行う場合は有効／無効ビットをオフにしてページフォールトを生じさせる方法が考えられる．すなわち，一定時間ごとにハードウェアクロックの割込みを発生させ，有効／無効ビットを操作する方法（本章の**図6.8** 参照）である．この場合，本章でも述べたように厳密なページアクセス系列を把握できず，結局はワーキングセット集合を把握することになる．すなわち，ワーキングセットアルゴリズムは実現できるが，厳密な LRU は実現できない．コンパイラで行う場合，プ

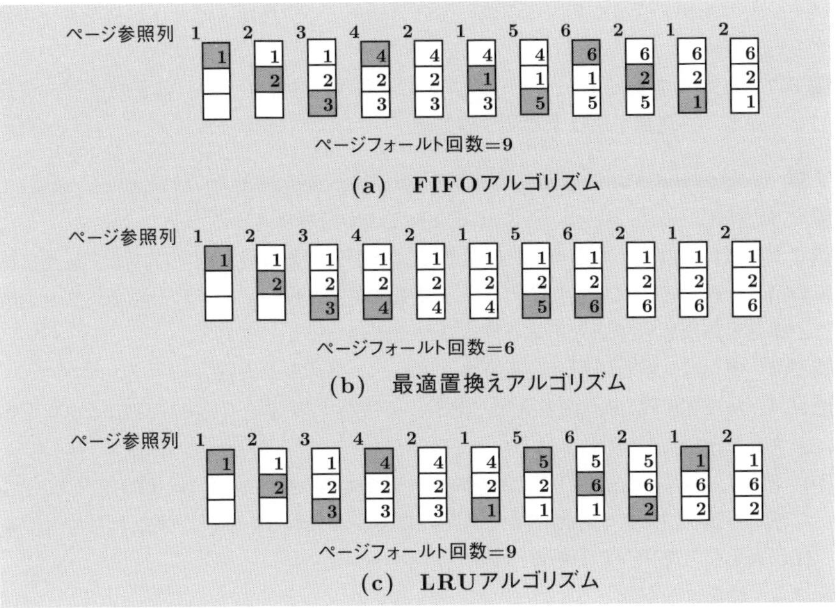

図A.5

ログラムの各ステートメントの後に OS に制御が移るコードを埋め込む方法が考えられる．どちらにしても膨大なオーバヘッドを生じ，実際的ではない．

(b) 本章で述べたように，参照ビットが 1 ビットであるので過去の参照歴を正確には把握できないためである．

(c) 省略

6.4 (a) 論理ページサイズを大きくした場合の利点は論理ページ数が小さくなりその結果ページ表サイズが小さくなること，欠点は最後のページにおける内部断片化のサイズが大きくなることである．小さくした場合の利点，欠点は上記と逆である．

(b) ページ数 $= 2^{32}/2^{12} = 2^{20}$ページ，表サイズ = ページ数 $\times 4$ バイト $= 2^{20} \times 4$ バイト となる．

6.5 5 章の**図5.6** において，ページ表へアクセスする前に TLB へアクセスすることになる．TLB にあればその情報を用い，なければページ表へのアクセスとなる．図示は省略する．

6.6 ページフォールトを生じたページをディスク内からメモリに持ってくる．このとき，メモリに持ってくる場所として，空きのページ枠があればその空きページ枠，なければ犠牲ページを選び，そこに持ってくる．さらに，上記を反映するようにページ表の情報を変更する．この後，ページフォールトを起こしたプログラムを再開する．

6.7 有効／無効ビット，ページフレーム番号，参照ビット，修正ビット，保護ビットがある．活用方法は本章参照のこと．

7章

7.1 結果 = 1, 2, 3 となる．なぜそうなるのか読者は考えること．

7.2 項目の前後へのポインタの張替えは一度にできない．例えば，まず最初に後ろの項目へのポインタを張り替えている最中に当該処理が中断された場合，リスト構造が中途半端な状態であり正常な構造になっていないからである．

7.3 例えば，銀行の預金残高のファイルへの書込みがある．

7.4 (a) 排他制御／相互排除，前進，有限待機の 3 つである．意味は本章を参照すること．

(b) 解決しない．と言うのは，2 つのプロセスが互いに flag[i] := TRUE を実行した後，当該プロセスが中断するとお互いに CS に入れない状況，すなわち前進の条件が満足できないからである．

7.5 疑似コードは

(a) テスト アンド セット

```
while(T&S(lock) == TRUE){};
    CS 実行;
lock := FALSE;
```

(b) スワップ命令

```
key := TRUE;
repeat
    swap(lock, key);
until key == FALSE;
    CS 実行
lock := FALSE;
```

有限待機の要請は (a)(b) ともに満足しない．と言うのは，早い者勝ちになっているためである．

7.6 省略

7.7 セマフォを用いた例を示す．

(a) **生産者／消費者問題**

```
empty, full, mutex; セマフォ
```

empty := N;　/* N：バッファサイズ，empty：空きのバッファ数 */

full := 0;　/* full：一杯のバッファ数 */

mutex := 1;　/* mutex：バッファへの排他制御アクセスに用いる */

○ **生産者の疑似コード**

　生産物を生産する;

　P(empty);

　P(mutex);

　生産物をバッファに入れる;

　V(mutex);

　V(full);

○ **消費者の疑似コード**

　P(full);

　P(mutex);

　バッファから生産物を取り出す;

　V(mutex);

　V(empty);

(b)　**読み書き問題**：ここでは，第一読み書き問題（リーダを優先する）を対象とする．

mutex, writer; セマフォ

r_count := 0;　/* r_count：データファイルに入っているリーダの数 */

mutex := 1;　/* mutex：r_count の操作のための排他制御に用いる */

writer := 1;　/* writer：ライタ間の排他制御に用いる */

○ **リーダの疑似コード**

　P(mutex);

　r_count := r_count+1;

　If r_count := 1 then P(writer);

　V(mutex);

　リーダの実行;

　P(mutex);

　r_count := r_count − 1;

　If r_count == 0 then V(writer);

　V(mutex);

○ **ライタの疑似コード**

　P(writer);

　ライタの実行;

V(writer);

(c) **哲学者の食事問題**：簡単な方法は 1 本の箸をセマフォ chopstick[i] で表現することである．

chopstick[i] := 1;
/∗ i：i 番目の箸，chopstick[i]：i 番目の箸を取り上げるための排他制御に用いる ∗/
while(){
  P(chopstick[i]); /∗ i 番目の箸を取り上げる ∗/
  P(chopstick[i+1 mod 5]); /∗ i+1 番目の箸を取り上げる ∗/
   食事する;
  V(chopstick[i]); /∗ i 番目の箸を置く ∗/
  V(chopstick[i+1 mod 5]); /∗ i+1 番目の箸を置く ∗/
   思考にふける;
}

上記の解決方法は本章でも述べたようにデッドロックが発生するので，他の解決方法を採用する必要がある．

■ **7.8** (a) 概略を述べる．

- **矛盾例**：
  - ○ **相互排除**：CS に同時に 2 人入ったとすると，この入り方を考えれば 2 人がカルタに複数回手を付く以外にない．これはカルタに 1 回しか手を付けないことと矛盾する．
  - ○ **前進**：前進できない場合を考えると，本文中の**図7.6** においてループで待つこと以外にない．しかし，カルタには一度しか手を付かないので，いつかは自分が早くカルタに手を付いたことになるのでループから抜け出し，CS に入れる．
  - ○ **有限待機**：有限待機するのは，本文中の**図7.6** においてループで待つこと以外にない．しかし，カルタに一度しか手を付かないのでいつかは自分が早く手を付いたことになる．従って，永遠にループで待つことはなく，いつかはループから抜けて CS に入れる．

(b) モデル検査技術による到達性解析による証明方法がある．下記の論文を参照のこと．

大矢野潤：抽象状態機械の到達性解析による安全性の簡易検証，千葉商大紀要，2015 年 3 月

■ **7.9** ピーターソンのアルゴリズムの別表記は，本章で記述したが，そのフローチャートは**図A.6** となる．網掛けの箇所が元のアルゴリズムと違う箇所である．本章

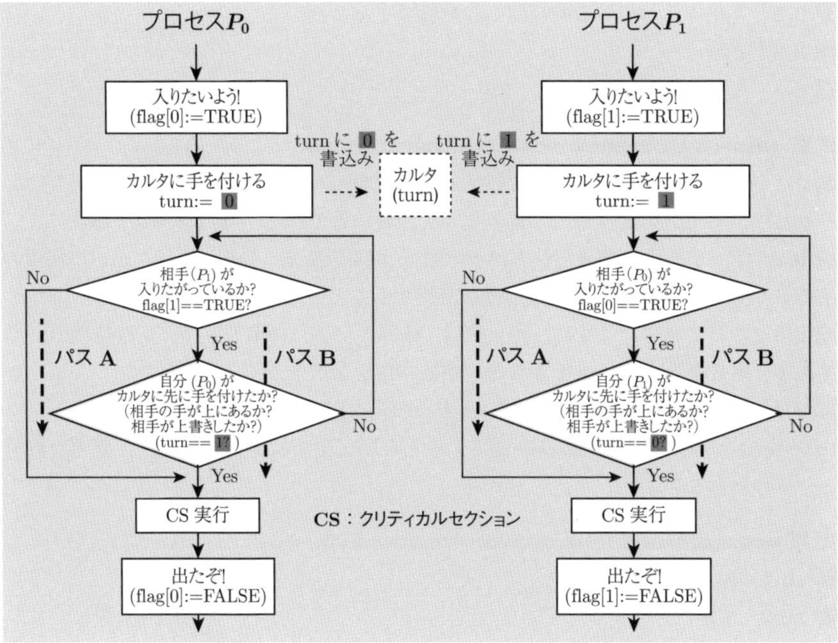

図A.6　ピーターソンのアルゴリズムの別表記

で述べたが，重要なことは，カルタに一度しか手を付けてないことである．従って，2 つのプロセス P_0，P_1 双方が CS に入りたい場合（すなわち，flag[i] := TRUE を実行）は，フローチャートからどちらかが CS に入れることになる（無論，相手が flag[j] := TRUE を実行していなければ，P_i は CS に入れる）．どちらが CS に入れるかと言うと，フローチャートからはやはりカルタに先に手を付けたプロセスが入れることになる．この中で気になるのが，P_1 が flag[1] := 1 と turn := 1 の間でサスペンドした場合，turn = 0 のままなので，プロセス P_0 はループで待つことになるが，P_1 はいずれ再開されて，turn = 1 となり，P_0 が CS に入れることになる．P_1 はループで待つことになる．なお，CS の解の 3 条件（相互排除／排他制御，前進，有限待機）を満足していることは，本章と同様に背理法を用いて証明できる．もっとスマートな証明があると思う．

■ **7.10**　省略

8章

■ **8.1**　本章で述べているので，それを参照すること．

8.2 本章で述べているので，それを参照すること．

8.3 省略

8.4 省略

9章

9.1 複数のプロセス間でハードウェア，ソフトウェアの計算機資源を確保できず，それらのプロセスの実行が前に進めない状態のことである．身近な例は省略する．

9.2 デッドロック防止方法，デッドロック回避方法，デッドロックからの回復方法の 3 つがある．利点，欠点は本章を参照すること．

9.3 本章で述べたように，相互排除，確保と待機，横取り不能，循環待機の 4 つである．満たさないようにできるか否かは本章を参照すること．

9.4 (a) 安全な順序 $P_2 \to P_3 \to P_1$ が存在するので，安全な状態である．

(b) 安全な順序は上記であるので，システムは安全な状態とはならず，要求を許可してはいけない．

10章

10.1 本章を参照すること．

10.2 省略

10.3 **単層システム**：利点は実行速度が速いこと，欠点は OS 構成の見通しが悪く，拡張／修正／移植が困難なことである．

プロセス指向：利点，欠点は上記の単層システムと逆である．

10.4 省略

11章

11.1 例えば，1 章の**表1.1** にあるように，UNIX OS には execve と言うシステムコールがあるが，Win32 には対応したシステムコールがない．これは，execve は新たなプログラムをプロセスとして生成するために，fork と対になって使用されることが多いためである．Win32 ではプロセスの生成は CreatProcess システムコールを用いて直接生成している．

11.2 省略

12章

12.1 大きくは，共有メモリ型，メッセージパッシング型（NORMA 型）の 2 つのタイプがある．さらには，共有メモリ型は，UMA 型，NUMA 型の 2 つに分かれる．

12.2 単一プロセッサのアーキテクチャは，プロセッサ，メモリモジュールとも

1つである．従って，プロセッサがどのプロセスをいつ実行するか，どのプロセスをいつメモリモジュールに格納するか，という時間軸の一次元のみを考慮すればよかった．一方，並列計算機は複数のプロセッサで構成され，メモリモジュールもUMA型を除いた，すなわちNUMA型やNORMA型では複数で構成される．従って，時間軸の他にどのプロセッサ，どのメモリモジュールと言う空間軸が新たに追加された二次元を考慮する必要がある．

■ **12.3** 単純なスピンロック方式はテスト アンド セット命令を用いており，本命令は書込み操作を伴うので，キャッシュコヒーレンス制御メッセージがネットワークを流れ，ネットワークを圧迫するためである．この問題を解決する方式として，スヌーピングロック方式，衝突回避ロック方式などがある．

■ **12.4** 同じバリア同期関数（barrier()とする）を再利用するために，barrier()で用いたデータ構造をbarrier()から抜けるときに初期値に戻す（再初期化）問題である．例えば，barrier()内で変数aを用いており，初期値$a=0$，抜けるときに$a=5$になっていれば，$a=0$に戻す問題となる．

■ **12.5** 省略

■ **12.6** 分散配置されたメモリをあたかも共有メモリとしてユーザに見せる仕掛けである．実現方法として，大きく分けると1）ハードウェアによる実現，2）ソフトウェアによる実現の2つがある．1）はNUMA型アーキテクチャである．2）はさらに，i）OS（カーネル空間）で実現，ii）ユーザ空間で実現の2つがある．i）の利点はハードウェアが提供する機能（例えばページング機能）を活用できること，欠点は実現に多大な労力を要することである．ii）の利点，欠点はi）とは逆である．

13章

■ **13.1** ネットワークOSはプロセッサ，メモリ，周辺装置から構成された各ノードを意識したプログラミングが要求され，分散OSは意識する必要がないことである．ネットワークOSの利点は大規模システム上でも実現しやすいこと，欠点はユーザにとって使い勝手が不十分であることである．分散OSの利点，欠点はこの逆である．

■ **13.2** 多様な課題があるがここでは，基本的な課題を述べる．

- **ネットワークOS**：ユーザに如何に使い勝手のよい環境を提供するかである．この中には，プログラミング環境，環境の実行速度なども含まれる．
- **分散OS**：分散配置されているソフトウェア，ハードウェアの計算機資源を如何にユーザには意識させないかの透過性を如何に提供するかである．この中には，ロードバランシングに伴うプロセス移動，ファイルの透過性などが含まれる．

索　　引

さ 行

た 行

な　行

は　行

ま　行

や　行

ら　行

わ 行

記号と欧字

著者略歴

福《ふく》田《だ》　晃《あきら》

1979年　九州大学大学院工学研究科情報工学専攻修士課程修了
1994年　奈良先端科学技術大学院大学情報科学研究科教授
2001年　九州大学大学院システム情報科学研究院教授
現　在　九州大学名誉教授　工学博士

専門

システムソフトウェア，組込みシステム，ユビキタス／モーバイルコンピューティング

主要著書

『並列オペレーティングシステム』（コロナ社）
『オペレーティング・システムの概念（上）（下）（原著第2版）』（共訳，培風館）
『モダンオペレーティングシステム（原著第2版）』（共訳，ピアソン・エデュケーション）

情報工学レクチャーテキスト＝QKC-5
レクチャー オペレーティングシステム

2020年4月10日© 初 版 発 行

著 者 福田 晃 発行者 矢 沢 和 俊
印刷者 加 藤 文 男
製本者 米 良 孝 司

【発行】 株式会社 **数理工学社**
〒151-0051 東京都渋谷区千駄ヶ谷1丁目3番25号
編 集☎（03）5474-8661（代） サイエンスビル

【発売】 株式会社 **サイエンス社**
〒151-0051 東京都渋谷区千駄ヶ谷1丁目3番25号
営 業☎（03）5474-8500（代） 振替00170-7-2387
FAX☎（03）5474-8900

印刷 （株）加藤文明社 製本 （株）ブックアート

サイエンス社・数理工学社の
ホームページのご案内
https://www.saiensu.co.jp
ご意見・ご要望は
suuri@saiensu.co.jp まで.

ISBN978-4-86481-064-7

PRINTED IN JAPAN